帕芙洛娃

讓人著迷的蛋白霜甜點

太田佐知香

PAVLOVA!

瑞昇文化

前言

「帕芙洛娃」是一款以蛋白霜為基底的甜點。
以《垂死的天鵝》聞名的俄羅斯芭蕾舞者安娜．帕芙洛娃
最喜愛這款點心，因而以她的名字命名。
據說，安娜的雙手雙腳纖細又白晰，極為優美動人。
只可惜那舞姿沒能保留下來，竟成絕響。
多希望能一睹風采，即便是在夢中……

打發蛋白「帕芙洛娃」時，
雪白的材料，讓我想像起安娜四肢的純白。
而搭配這蛋白霜的，是五彩繽紛的水果與果醬。
外型如此華麗精緻，可一入口便整個崩解交融，這就是「帕芙洛娃」。

＊

我與「帕芙洛娃」的首次邂逅，是在倫敦的一家咖啡館，
而且是牽著兩個年幼的孩子，專程去吃的。

在歐洲，蛋白霜甜點是小朋友的日常零食，
哪裡都買得到，不過是稀鬆平常的配角。
但我領悟到帕芙洛娃的魅力後，驚覺到「蛋白霜才是主角！」
那份感動，至今記憶猶新。

本書內容豐富，除了有純白的經典帕芙洛娃、
色彩艷麗而十分上相的帕芙洛娃、配合季節活動登場的帕芙洛娃外，
還包括利用蛋白霜製作的各式甜點，保證大呼過癮。

一塊美麗而脆弱的帕芙洛娃，娓娓訴說著創作與破壞的故事。
入口即化的瞬間，是人生最棒的幸福時光。

家人、朋友、戀人……與喜歡的人相聚時，
若有配合季節、氣氛，滿載水果的帕芙洛娃相伴，那該有多棒呢。
不論是早餐、點心、下午茶、晚餐……，任何場面，
若有形狀自然、自由搭配的帕芙洛娃登場，
一定能度過美妙時光。

歡迎進入帕芙洛娃的世界！

帕芙洛娃
是一種蛋白霜甜點

PAVLOVA!

帕芙洛娃這種美麗的甜點，是將蛋白霜低溫烘烤成蛋白餅當基底，
上面再堆滿鮮奶油霜與季節水果。
有人說它的發源地是澳洲，也有人說是紐西蘭。

就讓酥脆的蛋白餅、鮮奶油霜和水果等
一起在口中瓦解、交融吧。
儘管破壞美麗的裝飾令人不捨，
但這是品嘗帕芙洛娃的最佳方式。

入口即化的蛋白餅與大量鮮奶油霜、水果
在口中渾然一體，吃過的人無不上癮！

若是剛做好的帕芙洛娃，
更能享受最棒的口感與甜點協奏曲。

不需要模型，只需要3種材料！

帕芙洛娃的基底是蛋白霜，而蛋白霜的材料只有蛋白、細砂糖、鹽巴而已。
將蛋白霜放在烤盤上，造型自由發揮，因此完全不需要模型。
低溫烘烤出蛋白餅後，上面再放上鮮奶油與水果，帕芙洛娃便大功告成！

STEP

1 製作蛋白霜

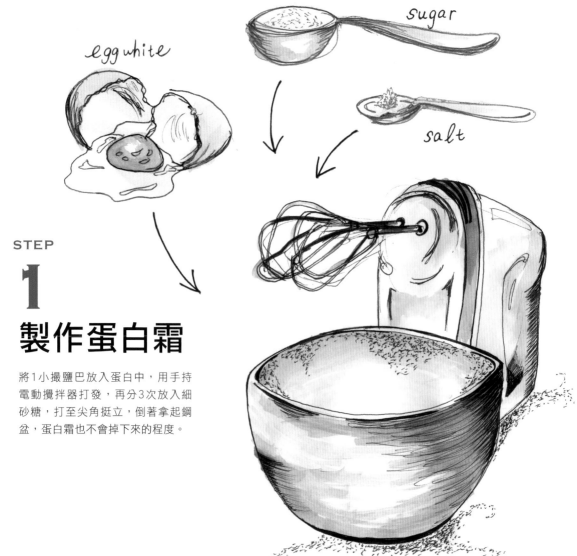

將1小撮鹽巴放入蛋白中，用手持電動攪拌器打發，再分3次放入細砂糖，打至尖角挺立，倒著拿起鋼盆，蛋白霜也不會掉下來的程度。

STEP

2

烘烤

將蛋白霜放在鋪好烘焙紙的烤盤上，用100℃的烤箱烘烤2小時後，直接放在烤箱中冷卻30分鐘，然後利用這段時間準備放在上面的裝飾材料。

STEP

3

裝飾

將大量的鮮奶油霜和喜歡的水果放在烤好的蛋白餅上面即可。蜜餞、果醬也都很搭。

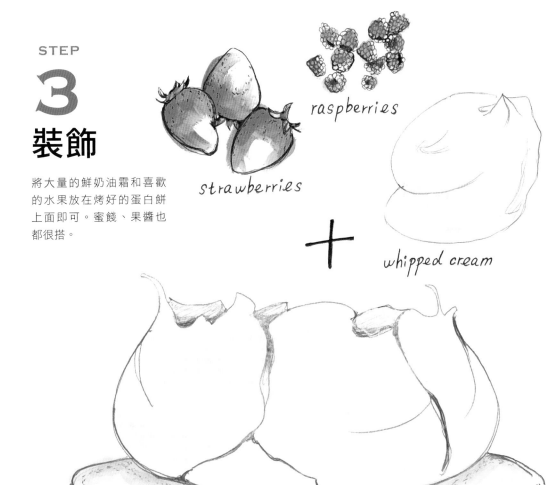

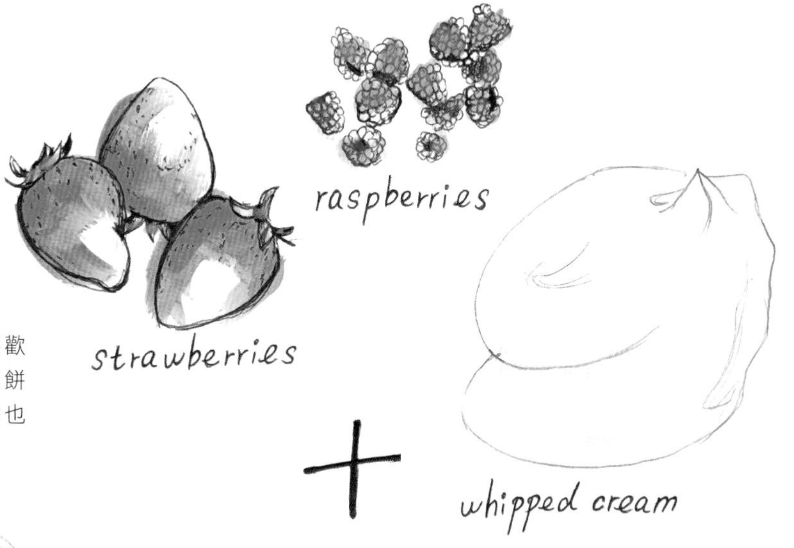

CONTENTS

CHAPTER 1 BASIC PAVLOVA

水果帕芙洛娃

本書使用方式

- 1大匙為15ml，1小匙為5ml。
- 蛋使用M～L尺寸。蛋越大則蛋白的量越多，但無需調整砂糖及鹽巴的份量。
- 奶油一律使用無鹽奶油。
- 不同的烤箱，烤出來的成品多少有些差異。在完全掌握家中烤箱的狀況之前，請邊觀察邊調整烘烤時間、溫度、烤箱的上下段等。
- 使用瓦斯烤箱的話，如果可以設定，請設定成不使用風扇。

CHAPTER 2 COLORFUL PAVLOVA 五彩繽紛的帕芙洛娃

CHAPTER 3 SPECIAL DAY PAVLOVA 特別節日的帕芙洛娃

CHAPTER 4 MERINGUE SWEETS 蛋白霜甜點

CHAPTER

1

BASIC PAVLOVA
水果帕芙洛娃

帕芙洛娃有很多種裝飾方式，其中以水果組合最經典。
而使用草莓或藍莓的帕芙洛娃更是王道組合。
本章就介紹季節感十足的水果帕芙洛娃食譜。

草莓帕芙洛娃

→ 作法請見p.12～

STRAWBERRY PAVLOVA

草莓帕芙洛娃

現在就來製作這款最經典的帕芙洛娃吧。步驟超簡單。
製作蛋白霜、烘烤、裝飾，3步驟搞定。

材料　（直徑約15cm，1塊份）

蛋白餅

- 蛋白　2顆份
- 細砂糖　100g
- 鹽　1小撮

鮮奶油霜

- 鮮奶油　100ml
- 細砂糖　10g

草莓　6～8顆
檸檬汁　少許

事前準備

- 在烘焙紙上畫出1個直徑約15cm的圓圈，然後翻面，鋪在烤盤上。
- 烤箱預熱至100℃。

（蛋白餅烤好後）

- 將草莓切成同樣大小，再切成2等分（或4等分），然後裹上檸檬汁。
- 製作鮮奶油霜。鋼盆中放入鮮奶油，再放入細砂糖，然後將鋼盆放在冰水盆中，用手持電動攪拌器打至8～9分發泡。

製作蛋白餅

1 鋼盆中放入蛋白和鹽巴。

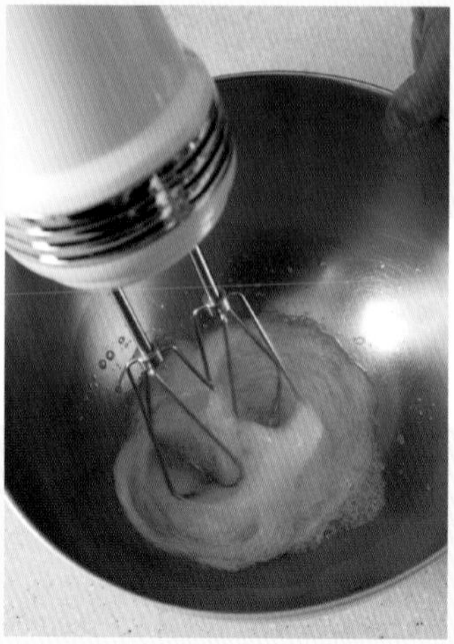

2 用手持電動攪拌器徹底攪拌蛋白。

3 當整個開始泛白後，放入1小匙細砂糖，繼續打發。

打到倒著拿起鋼盆，蛋白霜不會掉下來的程度。

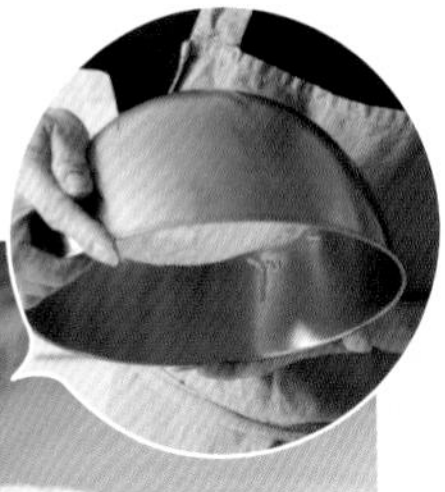

4 當泡沫開始變細並出現光澤後，放入50g細砂糖，繼續打發。

5 當光澤越來越多，蛋白霜會黏在攪拌器上面時，再放入剩餘的細砂糖。

6 繼續打發到整體滑順且尖角挺立為止。

可在烘焙紙的四個角落黏上一點蛋白霜，固定於烤盤上，以方便作業。

7 將蛋白霜放在烘焙紙上的圓圈中央，用橡皮刮刀整理成圓形。

烤出烤色後，在烤箱的上層放一塊空的烤盤，防止蛋白霜直接吹到熱風。

8 塑型時，讓中心比周圍稍低一點，做成淺凹狀，才方便放上鮮奶油霜和水果。然後，放進預熱好的烤箱中，烘烤約2小時。

若無法乾脆地從烘焙紙上拿下來，就再烤30分鐘。

9 烤好後，直接放在烤箱中靜置30分鐘，使之冷卻。烤到可將蛋白餅從烘焙紙上乾脆地拿下來的狀態。

idea 1

淋上果醬

淋上自製的草莓果醬更美味，也更好看。

草莓果醬的材料（容易製作的份量）**及作法**

鍋中放入切成薄片的草莓100g、蜂蜜60ml、檸檬汁1小匙，靜置10分鐘。待草莓出水後，以小火加熱，煮至呈濃稠狀態後熄火，放涼。

※放入乾淨的容器中，可冷藏保存1個月。

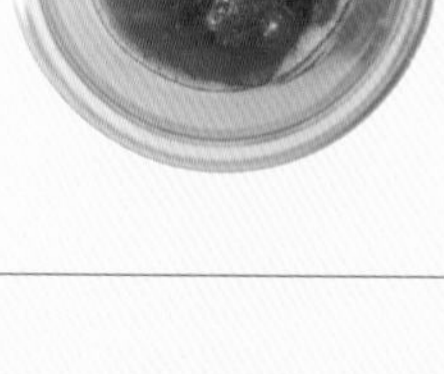

完成

10 盛盤，用橡皮刮刀將準備好的鮮奶油霜抹在蛋白餅上。

11 最後放上準備好的草莓。

12 大功告成的草莓帕芙洛娃！

idea 2

插上蛋糕插牌

插上裝飾蛋糕用的插牌，華麗感立刻升級。建議選用搭配場合的文字和圖案。

※商品資訊請參照P.72～73。

BLUEBERRY PAVLOVA

藍莓帕芙洛娃

放上大量的藍莓與藍莓醬，藍莓與草莓並列為
帕芙洛娃最常用的水果。藍莓醬可選用市售品。

材料　（直徑約15cm，1塊份）

蛋白餅

蛋白　2顆份
細砂糖　100g
鹽　1小撮

鮮奶油霜

鮮奶油　100ml
細砂糖　10g

藍莓（裝飾用）　100g
藍莓醬（參照下面方塊圖文）*　50ml
* 也可選用市售的藍莓醬。

事前準備

- 在烘焙紙上畫出1個直徑約15cm的圓圈，然後翻面，鋪在烤盤上。
- 烤箱預熱至100℃。

（蛋白餅烤好後）

- 製作鮮奶油霜。鋼盆中放入鮮奶油，再放入細砂糖，然後將鋼盆放在冰水盆中，用手持電動攪拌器打至8～9分發泡。

作法

1 同「草莓帕芙洛娃」（p.12）的作法**1**～**6**製作蛋白霜，然後同作法**7**～**9**烘烤，放涼。

2 同作法**10**盛盤，用橡皮刮刀將準備好的鮮奶油霜抹在蛋白餅上，再放上2/3量的藍莓，用湯匙將藍莓醬一點一點打圈地淋上去，最後放上剩餘的藍莓當裝飾。

藍莓醬的材料（容易製作的份量）及作法

鍋中放入藍莓（冷凍藍莓也可）100g、蜂蜜60ml，撒上檸檬汁1小匙，靜置10分鐘。待藍莓出水後，以小火加熱，煮至呈濃稠狀態後熄火，放涼。
※放入乾淨的容器中，可冷藏保存1個月。

MIXED 3 BERRIES PAVLOVA

3種莓果帕芙洛娃

覆盆子、藍莓、黑莓這3種莓果的酸甜，與鮮奶油霜超搭。
堆放莓果時，最好堆得從側面就能看見果肉。

材料　（直徑約12cm，2塊份）

蛋白餅
- 蛋白　2顆份
- 細砂糖　100g
- 鹽　1小撮

鮮奶油霜
- 鮮奶油　100ml
- 細砂糖　10g

莓果類
- 覆盆子　50g
- 藍莓　30g
- 黑莓　30g

事前準備

- 在烘焙紙上畫出2個直徑約12cm的圓圈，然後翻面，鋪在烤盤上。
- 烤箱預熱至100℃。

（蛋白餅烤好後）
- 製作鮮奶油霜。鋼盆中放入鮮奶油，再放入細砂糖，然後將鋼盆放在冰水盆中，用手持電動攪拌器打至8～9分發泡。

作法

1. 同「草莓帕芙洛娃」（p.12）的作法**1**～**6**製作蛋白霜，然後分成2等分，同作法**7**～**9**烘烤，放涼。
2. 取莓果各10g當裝飾用，再將其餘莓果放入鋼盆中，用叉子搗碎到保留一點果肉的程度a。
3. 將1塊**1**的蛋白餅放在盤子上，再放上半量的鮮奶油霜、半量的搗碎莓果。莓果要放一些在邊緣處，讓人從側面也看得見果肉。
4. 將另1塊**1**的蛋白餅放在**3**上面b，再依序放上剩餘的鮮奶油霜、搗碎的莓果，最後放上**2**的裝飾用莓果。

a

b

CHERRY PAVLOVA

美國賓櫻桃帕芙洛娃

淋上櫻桃醬汁後，放上美國賓櫻桃（Bing cherry），再放上切成粗塊的巧克力。
沉穩的配色十足大人味，散發出一股性感氣息的帕芙洛娃。

材料 （直徑約15cm，1塊份）

蛋白餅

- 蛋白　2顆份
- 細砂糖　100g
- 鹽　1小撮

鮮奶油霜

- 鮮奶油　100ml
- 細砂糖　10g
- 櫻桃白蘭地　5ml

櫻桃醬（參照下面方塊圖文）　50ml
美國賓櫻桃（帶枝）*　8～10顆
板狀巧克力（可可成分70%以上）　20g
* 也可使用罐裝或瓶裝等加工品。

事前準備

- 在烘焙紙上畫出1個直徑約15cm的圓圈，然後翻面，鋪在烤盤上。
- 烤箱預熱至100℃。

（蛋白餅烤好後）

- 巧克力切成粗塊。
- 製作鮮奶油霜。鋼盆中放入鮮奶油，再放入細砂糖，然後將鋼盆放在冰水盆中，用手持電動攪拌器打至7分發泡。放入櫻桃白蘭地，繼續打至8～9分發泡。

作法

1 同「草莓帕芙洛娃」（p.12）的作法**1～6**製作蛋白霜，然後同作法**7～9**烘烤，放涼。

2 同作法**10**盛盤，用橡皮刮刀將準備好的鮮奶油霜抹在蛋白餅上，再淋上一圈櫻桃醬。最後放上櫻桃，撒上巧克力碎片。

櫻桃果醬的材料（容易製作的份量）及作法

利用新鮮櫻桃的作法：
鍋中放入紅葡萄酒100ml、細砂糖25g，加熱。煮沸後放入去籽的櫻桃50g，繼續煮5分鐘；將1大匙玉米粉溶於等量的水中，然後放入鍋中，煮至呈濃稠狀態。

利用加工櫻桃的作法：
鍋中放入罐裝（或瓶裝）櫻桃100g，以小火加熱；將1大匙玉米粉溶於等量的水中，然後放入鍋中，煮至呈濃稠狀態。
※放入乾淨的容器中，可冷藏保存1個月。

PEAR PAVLOVA WITH CARAMEL SAUCE

焦糖洋梨帕芙洛娃

放上蜜漬洋梨，再用微苦的焦糖醬汁增加亮點。
與甜菜糖、肉桂棒等一起煮的洋梨，放涼後會變成透明的淡褐色。

材料 （直徑約15cm，1塊份）

蛋白餅
- 蛋白 2顆份
- 細砂糖 100g
- 鹽 1小撮

鮮奶油霜
- 鮮奶油 100ml
- 細砂糖 10g
- 馬斯卡彭起司 30g

蜜漬洋梨（參照下面方塊圖文） 1顆份
杏仁果 少許
焦糖醬汁（參照下面方塊圖文） 50ml

事前準備

- 在烘焙紙上畫出1個直徑約15cm的圓圈，然後翻面，鋪在烤盤上。
- 烤箱預熱至100℃。

（蛋白餅烤好後）
- 杏仁果裝入塑膠袋中，用搗槌搗成粗粒。
- 蜜漬洋梨縱向對半切開。
- 製作鮮奶油霜。鋼盆中放入鮮奶油，再放入細砂糖，然後將鋼盆放在冰水盆中，用手持電動攪拌器打至3分發泡。放入馬斯卡彭起司，繼續打至8～9分發泡。

作法

1 同「草莓帕芙洛娃」（p.12）的作法**1**～**6**製作蛋白霜，然後同作法**7**～**9**烘烤，放涼。

2 同作法**10**盛盤，用橡皮刮刀將準備好的鮮奶油霜抹在**1**的蛋白餅上，再放上蜜漬洋梨，淋上焦糖醬汁，最後撒上杏仁碎粒。

蜜漬洋梨的材料（容易製作的份量）及作法

鍋中放入水400ml、甜菜糖150g、肉桂棒1根、丁香少許、檸檬1片，加熱。當甜菜糖溶化後，放入去皮並對半切開、去芯的洋梨2顆份，以小火加熱10分鐘後熄火，直接放涼。

※連同糖漿放入乾淨的保存容器中，可冷藏保存5天。

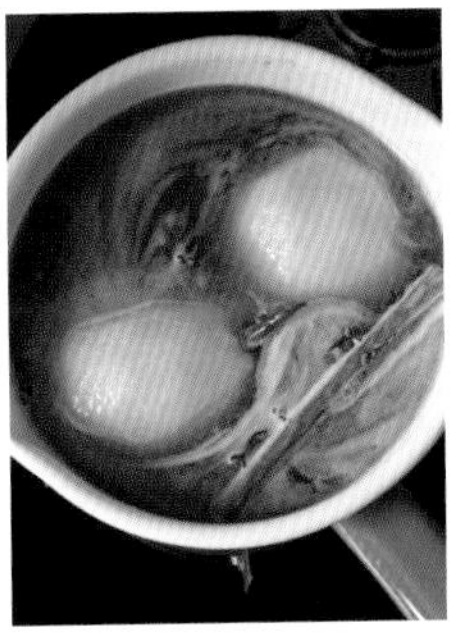

焦糖醬的材料（容易製作的份量）及作法

小鍋中放入水20ml和細砂糖100g，以小火加熱，煮至變成深褐色後，熄火，輕輕注入熱水40ml。

※放入乾淨的容器中，可冷藏保存1個月。使用時，視需要隔水加熱，煮成喜歡的硬度。

MARRON AND CHOCOLATE CREAM PAVLOVA

栗子巧克力奶油帕芙洛娃

這是小型的帕芙洛娃，重點是塑型時在側面用叉子畫出紋路。
除了滋味濃郁，漂亮的外觀也是賞心悅目。

右起依序為：將烤好的蛋白餅盛盤時、上面鋪好巧克力奶油時、放上栗子並撒上可可粉的成品。

材料　（直徑約10cm，3塊份）

蛋白餅

蛋白　2顆份
細砂糖　100g
鹽　1小撮

牛奶巧克力奶油

鮮奶油　100ml
牛奶巧克力　50g

栗甘露煮（縱向對半切開）　15粒
可可粉　少許

事前準備

- 在烘焙紙上畫出3個直徑約10cm的圓圈，然後翻面，鋪在烤盤上。
- 烤箱預熱至100℃。

（蛋白餅烤好後）

- 製作牛奶巧克力奶油。鍋中放入鮮奶油和巧克力，加熱使巧克力溶化。散熱後，將鍋子放在冰水盆中，用手持電動攪拌器打至8～9分發泡。

作法

1 同「草莓帕芙洛娃」（p.12）的作法**1**～**6**製作蛋白霜，然後分成3等分。

2 將**1**放在烘焙紙上的圓圈中央，分別用橡皮刮刀整理成圓形。側面用叉子往斜上方劃出紋路，然後放入預熱好的烤箱中烘烤2小時。同作法**9**那樣散熱。

3 分別盛盤，用橡皮刮刀將準備好的牛奶巧克力奶油平分地放在蛋白餅上面（中圖），再放上栗甘露煮當裝飾，撒上可可粉（左圖）。

CHOCOLATE BANANA PAVLOVA

香蕉巧克力帕芙洛娃

大家都喜歡的香蕉&巧克力組合。
再撒上碎杏仁果粒，味道肯定錯不了，大人小孩都超愛的定番甜點。

材料 （直徑約18cm，1塊份）

蛋白餅
- 蛋白　2顆份
- 細砂糖　100g
- 鹽　1小撮

鮮奶油霜
- 鮮奶油　100ml
- 細砂糖　10g

香蕉（切成圓片）　半根
杏仁果　少許
黑巧克力（隔水加熱融化）　20g

事前準備

- 在烘焙紙上畫出1個直徑約18cm的圓圈，然後翻面，鋪在烤盤上。
- 杏仁果裝入塑膠袋中，用搗槌搗成粗粒。
- 烤箱預熱至100℃。

（蛋白餅烤好後）
- 製作鮮奶油霜。鋼盆中放入鮮奶油，再放入細砂糖，然後將鋼盆放在冰水盆中，用手持電動攪拌器打至8～9分發泡。

作法

1 同「草莓帕芙洛娃」（p.12）的作法**1**～**6**製作蛋白霜，然後同作法**7**～**9**烘烤，放涼。

2 同作法**10**盛盤，用橡皮刮刀將準備好的鮮奶油霜抹在**1**的蛋白餅上，再放上香蕉，淋上準備好的融化巧克力，撒上杏仁碎粒。

MUSCAT AND WHITE WINE CREAM PAVLOVA

麝香葡萄白酒奶油帕芙洛娃

鮮奶油霜中加了白葡萄酒。
是一款奢侈的大人甜點，一起悠閒的享用吧！

材料 （直徑約12cm，2塊份）

蛋白餅
- 蛋白　2顆份
- 細砂糖　100g
- 鹽　1小撮

白葡萄酒奶油
- 鮮奶油　100ml
- 細砂糖　40g
- 白葡萄酒　80ml
- 吉利丁　5g

麝香葡萄（對半切開）　10～20顆

事前準備

- 在烘焙紙上畫出2個直徑約12cm的圓圈，然後翻面，鋪在烤盤上。
- 烤箱預熱至100℃。

（蛋白餅烤好後）
- 製作白葡萄酒奶油。鍋中放入白葡萄酒，再放入細砂糖，加熱使糖溶化。煮沸後熄火，放入吉利丁，散熱Ⓐ。鋼盆中放入鮮奶油，然後將鋼盆放在冰水盆中，用手持電動攪拌器打至6分發泡，再將Ⓐ一點一點放入，同時打至8～9分發泡。

作法

1 同「草莓帕芙洛娃」（p.12）的作法**1**～**6**製作蛋白霜，然後分成2等分，同作法**7**～**9**烘烤，放涼。

2 盛盤，放上白葡萄酒奶油，再放上麝香葡萄。

COCONUT AND PINEAPPLE FLOWER PAVLOVA

椰子鳳梨花帕芙洛娃

將切成圓片的鳳梨放進烤箱中，做成「鳳梨花乾」。
這次不用鮮奶油霜而用希臘優格，滋味更清爽。

材料 （直徑約12cm，2塊份）

蛋白餅

- 蛋白　2顆份
- 細砂糖　100g
- 鹽　1小撮
- 椰子粉　10g

希臘優格　200g
楓糖漿　10ml
鳳梨　200g
椰蓉　10g
鳳梨花乾（參照下面方塊圖文）　7～8片

事前準備

- 在烘焙紙上畫出2個直徑約12cm的圓圈，然後翻面，鋪在烤盤上。
- 鳳梨切成一口大小。
- 烤箱預熱至100℃。

作法

1 同「草莓帕芙洛娃」（p.12）的作法**1**～**6**製作蛋白霜，然後放入椰子粉，用橡皮刮刀攪拌。分成2等分，鋪在準備好的烤盤上，同作法**7**～**9**烘烤，放涼。

2 將1塊**1**的蛋白餅放在盤中，再放上半量的希臘優格，淋上半量的楓糖漿。將另1塊**1**的蛋白餅疊上去，放上剩餘的希臘優格，再淋上楓糖漿。最後放上鳳梨，撒上椰蓉，放上鳳梨花乾。

鳳梨花乾的材料（容易製作的份量）及作法

將鳳梨切成直徑6cm×厚3mm的圓片，然後在邊緣劃入6個1cm長的切痕。用廚房紙巾拭乾水分，放在倒置的小紙杯（或是瑪芬杯）上。用120℃的烤箱烘烤30分鐘，翻面，繼續烘烤20分鐘。

LEMON CREAM PAVLOVA

檸檬奶油帕芙洛娃

使用大量檸檬汁做成的檸檬奶油，滋味超清爽！
最上面裝飾著用細砂糖煮出來的檸檬糖片。

材料 （直徑約15cm，1塊份）

蛋白餅

- 蛋白　2顆份
- 細砂糖　100g
- 鹽　1小撮

檸檬奶油

- 檸檬汁　1顆份
- 奶油　20g
- 蛋黃　2顆份
- 細砂糖　40g
- 低筋麵粉　5g
- 鮮奶油　100ml

檸檬糖片（參照下面方塊圖文的上半部）*　全量

* 也可使用檸檬切片。參照下面方塊圖文的下半部。

事前準備

- 在烘焙紙上畫出1個直徑約15cm的圓圈，然後翻面，鋪在烤盤上。
- 烤箱預熱至100℃。

（蛋白餅烤好後）

- 製作檸檬奶油。鍋中放入檸檬汁、奶油，加熱使奶油融化，然後熄火，直接放涼Ⓐ。鋼盆中放入蛋黃，打散，再放入細砂糖和低筋麵粉，用打蛋器攪拌，再一點一點放入Ⓐ的鍋中，拌勻。再次以小火加熱，並攪拌到呈濃稠狀態後，熄火，放涼Ⓑ。鋼盆中放入鮮奶油，用手持電動攪拌器打至7分發泡，放入Ⓑ，再用手持電動攪拌器拌勻。

作法

1 同「草莓帕芙洛娃」（p.12）的作法**1**～**6**製作蛋白霜。

2 將**1**放在烘焙紙上的圓圈中央，用橡皮刮刀整理成圓形。側面用湯匙背面往斜上方劃出紋路（如圖），然後放入預熱好的烤箱中烘烤2小時。同作法**9**那樣散熱。

3 盛盤，用橡皮刮刀將準備好的檸檬奶油鋪在蛋白餅上面，再放上檸檬糖片。

檸檬糖片的材料（容易製作的份量）及作法

將1顆檸檬切成厚3mm的圓片，泡在熱水中1分鐘，再泡在冷水中。取一琺瑯鍋，放入水200ml、細砂糖200g、泡過水的檸檬片，用極小火煮40分鐘，注意不要煮到溢出來。然後將檸檬片鋪在烘焙紙上散熱。

裝飾用的新鮮檸檬片

將1顆檸檬切成厚3mm的圓片，從邊緣劃一道深及中心的切痕，然後輕輕扭轉成S形。

MIXED FRUITS PAVLOVA

綜合水果帕芙洛娃

放上各種水果的帕芙洛娃，華麗得讓人邊吃邊驚呼！
請自由搭配喜歡的水果。

材料 （直徑約15cm，1塊份）

蛋白餅
- 蛋白　2顆份
- 細砂糖　100g
- 鹽　1小撮

鮮奶油霜
- 鮮奶油　100ml
- 細砂糖　10g

水果切片組合（奇異果、草莓、柳橙）*
　200g份

* 也可搭配鳳梨、杏子等。

事前準備

- 在烘焙紙上畫出1個直徑約15cm的圓圈，然後翻面，鋪在烤盤上。
- 烤箱預熱至100℃。

（蛋白餅烤好後）
- 製作鮮奶油霜。鋼盆中放入鮮奶油，再放入細砂糖，然後將鋼盆放在冰水盆中，用手持電動攪拌器打至8～9分發泡。

作法

1 同「草莓帕芙洛娃」（p.12）的作法**1**～**6**製作蛋白霜，然後同作法**7**～**9**烘烤，放涼。

2 同作法**10**盛盤，用橡皮刮刀將準備好的鮮奶油霜抹在蛋白餅上，再放上水果切片組合。

MANGO AND CHILI PAVLOVA

芒果辣椒帕芙洛娃

配料是芒果拌辣椒。辣椒的辛辣將芒果的香甜襯托得絕妙無比。
這款前所未有的美味創意，請一定要試看看。

材料 （直徑約12cm，2塊份）

蛋白餅

- 蛋白　2顆份
- 細砂糖　100g
- 鹽　1小撮

鮮奶油霜

- 鮮奶油　100ml
- 細砂糖　10g

芒果（淨重）*1　100g
紅辣椒（去籽，切碎）　1根
紅辣椒（裝飾用）　2根
芒果醬（參照下面方塊圖文）*2　50ml

*1 也可使用冷凍的芒果。
*2 也可使用市售的芒果醬。

事前準備

- 在烘焙紙上畫出2個直徑約12cm的圓圈，然後翻面，鋪在烤盤上。
- 芒果切成一口大小，再拌入切碎的辣椒（如圖）。
- 烤箱預熱至100℃。

（蛋白餅烤好後）

- 製作鮮奶油霜。鋼盆中放入鮮奶油，再放入細砂糖，然後將鋼盆放在冰水盆中，用手持電動攪拌器打至8～9分發泡。

作法

1 同「草莓帕芙洛娃」（p.12）的作法**1**～**6**製作蛋白霜，然後分成2等分，放進準備好的烤盤上，同作法**7**～**9**烘烤，放涼。

2 將1塊**1**的蛋白餅放在盤中，再放上半量的鮮奶油霜、半量的芒果，淋上半量的芒果醬汁。將另1塊**1**的蛋白餅疊上去，依序放上剩餘的鮮奶油霜、芒果，淋上芒果醬汁，最後放上裝飾用辣椒。

芒果醬的材料（容易製作的份量）及作法

將芒果（淨重）100g、楓糖漿60ml、檸檬汁1/2顆份放入果汁機中攪拌即可。
※放入乾淨的容器中，可冷藏保存2～3天。

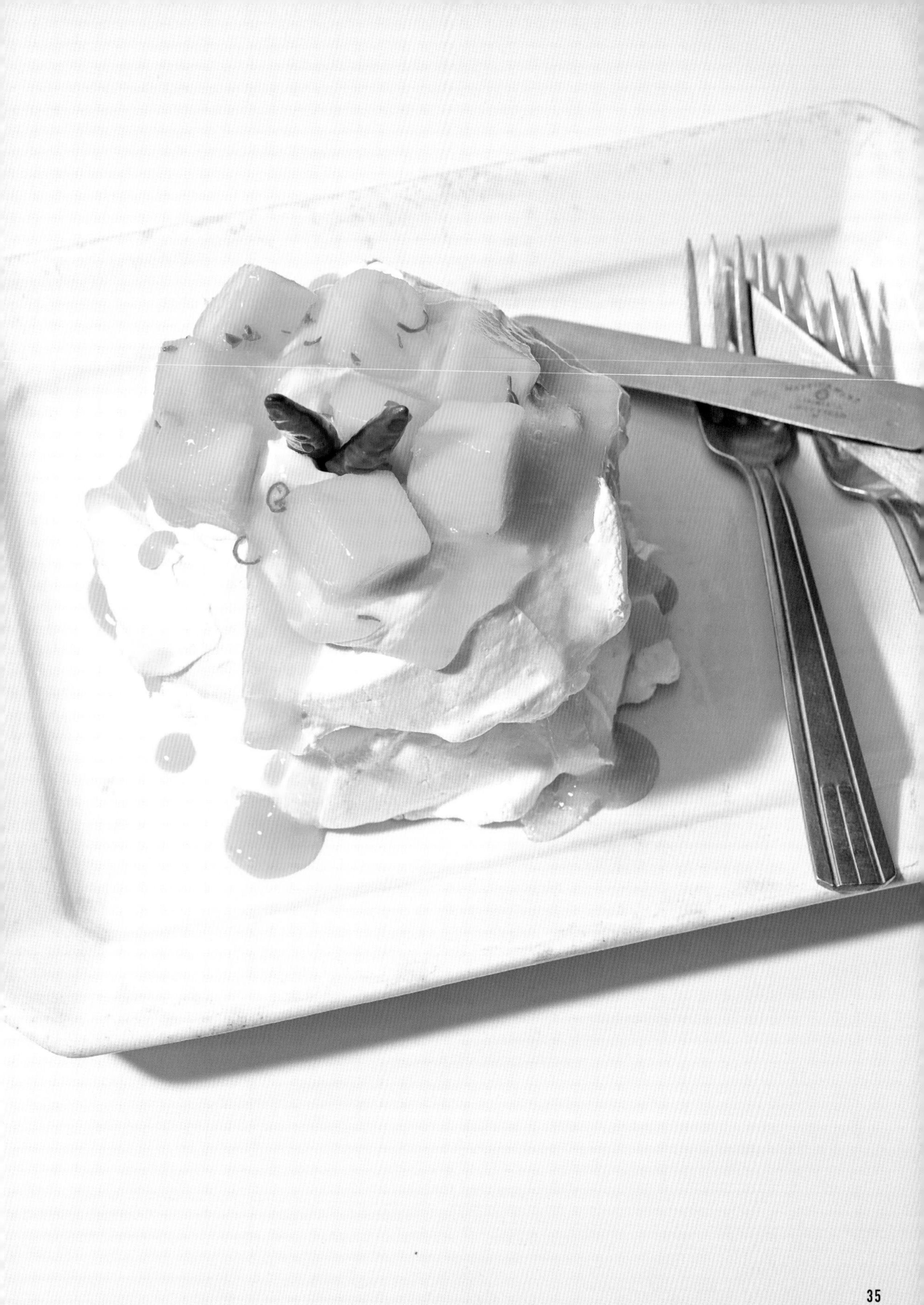

COLUMN 1

果醬與醬料

綜合莓果

鍋中放入覆盆子、切成4等分的草莓、藍莓各50g，以及蜂蜜90ml、檸檬汁1小匙，靜置10分鐘使之出水後，以小火邊煮邊攪拌至呈濃稠狀態。

※可冷藏保存1個月。

新鮮薄荷牛奶

鍋中放入牛奶、鮮奶油各100ml，以及細砂糖60g，以小火加熱，再放入搗碎的薄荷4g、玉米粉水（1大匙玉米粉與等量的水溶解），邊攪拌邊煮至呈濃稠狀態。

※可冷藏保存1週。

黑莓蜂蜜

鍋中放入黑莓100g、蜂蜜60ml、檸檬汁1小匙，靜置10分鐘使之出水後，以小火邊煮邊攪拌至呈濃稠狀態。

※可冷藏保存1個月。

莓果玫瑰

鍋中放入覆盆子100g、細砂糖60g、檸檬汁1小匙，靜置10分鐘使之出水後，以小火邊煮邊攪拌至呈濃稠狀態，然後熄火，加一點點玫瑰油。

※可冷藏保存1個月。

檸檬＆萊姆

1顆檸檬去皮，然後連皮一起水煮，再切成粗塊，放回鍋中，然後放入去皮並切成粗塊的萊姆果肉1顆份、蜂蜜50ml，靜置10分鐘使之出水後，以小火邊煮邊攪拌至呈濃稠狀態。

※可冷藏保存1個月。

巧克力覆盆子

鍋中放入牛奶、鮮奶油各50ml，以小火加熱，煮至快要沸騰時熄火。放入牛奶巧克力140g，使之溶化，再放入用叉子搗碎的覆盆子25g，拌勻。

※可冷藏保存2週。

與季節水果搭配的帕芙洛娃，若再淋上果醬或醬料，
不但美味加倍，外觀也更迷人。這裡介紹12種果醬的材料（容易製作的份量）及作法。

葡萄果粒

鍋中放入用果汁機打好的無籽葡萄100g、蜂蜜60ml、檸檬汁1小匙，靜置10分鐘使之出水後，以小火加熱。放入玉米粉水（1大匙玉米粉與等量的水溶解），邊攪拌邊煮至呈濃稠狀態。
※可冷藏保存1個月。

蘋果肉桂

鍋中放入切成丁狀的蘋果1顆份、蜂蜜50ml、檸檬汁1小匙、肉桂棒1根，靜置10分鐘使之出水後，以小火加熱，邊攪拌邊煮至呈濃稠狀態。
※可冷藏保存1個月。

洋梨丁香

鍋中放入切成小丁狀的洋梨1顆份、蜂蜜50ml、檸檬汁1小匙、丁香4～5顆，靜置10分鐘使之出水後，以小火加熱，邊攪拌邊煮至呈濃稠狀態。熄火，拿掉丁香。
※可冷藏保存1個月。

柚子清酒

柚子3顆去皮，然後連皮一起放入鍋中水煮，再取出切成粗塊。放回鍋中，再放入蜂蜜50ml、生薑末1片份，靜置10分鐘使之出水後，放入清酒25ml，以小火加熱，邊攪拌邊煮至呈濃稠狀態。
※可冷藏保存1個月。

綜合碎果粒

鋼盆中放入葡萄乾、切成粗粒的無花果乾、黑加侖葡萄乾、切成丁狀的蘋果各80g，以及粗砂糖40g，再注入萊姆酒200ml。放入冰箱1天後攪拌均勻，再放置4～5天即可食用。
※可冷藏保存6個月。

蔓越莓蜜柑

鍋中放入蔓越莓350g、蜂蜜100ml、水200ml、肉桂棒1根，以及切成粗塊的蜜柑果肉1顆份，以小火加熱。煮至蔓越莓破皮後，蓋上鍋蓋，煮5分鐘至呈濃稠狀態。
※可冷藏保存1個月。

CHAPTER

2

COLORFUL PAVLOVA

五彩繽紛的帕芙洛娃

給人雪白印象的帕芙洛娃，加了可可、草莓、抹茶等粉類後，變得超級上相！
加上鮮奶油霜和各種配料，裝飾得相當華麗，在切下去之前驚嘆不斷。

彩虹帕芙洛娃

→ 作法請見p.40～

RAINBOW PAVLOVA

彩虹帕芙洛娃

用天然素材將純白的蛋白餅染成5種顏色。堆疊順序可隨個人喜好！
這款色澤柔和的粉彩帕芙洛娃，美味自不在話下，小朋友也能安心享用喔。

材料 （直徑約10cm，5塊份）

蛋白餅
- 蛋白　2顆份
- 細砂糖　100g
- 鹽　1小撮

鮮奶油霜
- 鮮奶油　100ml
- 細砂糖　10g

①覆盆子
冷凍覆盆子乾*　2g

②草莓
草莓粉　2g

③南瓜
南瓜粉　2g

④抹茶
抹茶粉　2g

⑤紫芋
紫芋粉　2g

* 冷凍覆盆子乾。

也可不搗碎，直接形狀完整地利用。
※店家資訊請參照P.96

事前準備

- 在烘焙紙上畫出5個直徑約10cm的圓圈，然後翻面，鋪在烤盤上。
- 烤箱預熱至100℃。

（蛋白餅烤好後）

- 製作鮮奶油霜。鋼盆中放入鮮奶油，再放入細砂糖，然後將鋼盆放在冰水盆中，用手持電動攪拌器打至8～9分發泡，再分成4等分。

作法

1. 同「草莓帕芙洛娃」（p.12）的作法**1**～**6**製作蛋白霜，然後分成5等分，分別放進調理盆中。

2. 將冷凍覆盆子（材料①）放入茶篩中，用湯匙將之按壓到**1**的其中一個調理盆中**a**。將茶篩中殘餘的果肉和種籽也都放進蛋白霜中，用橡皮刮刀攪拌。

3. 將材料②～⑤的粉類分別撒入**1**的其他調理盆中**b**，用橡皮刮刀攪拌。

4. 將**2**和**3**分別放在烘焙紙上的圓圈中央，用橡皮刮刀整理成圓形。放進預熱好的烤箱中烘烤2小時，然後同作法**9**那樣散熱。

5. 將**4**的蛋白餅和準備好的鮮奶油霜，依喜歡的順序交互疊在盤中。

a

b

從上至下依序為覆盆子、草莓、南瓜、抹茶、紫芋蛋白餅。上面裝飾閃閃發亮的煙火蛋糕插牌，更顯華麗。

MARBLED PAVLOVA

大理石帕芙洛娃

用巧克力醬和鹽味焦糖醬在雪白的蛋白餅上畫出大理石紋路。
略帶微苦，滋味纖細的帕芙洛娃。

材料 （直徑約10cm，5塊份）

蛋白餅

- 蛋白　2顆份
- 細砂糖　100g
- 鹽　1小撮
- 榛果粉　5g

鮮奶油霜

- 鮮奶油　100ml
- 細砂糖　10g

鹽味焦糖醬（參照下面方塊圖文）　5ml
巧克力醬（參照下面方塊圖文）　5ml

事前準備

- 在烘焙紙上畫出5個直徑約10cm的圓圈，然後翻面，鋪在烤盤上。
- 烤箱預熱至100℃。

（蛋白餅烤好後）

- 製作鮮奶油霜。鋼盆中放入鮮奶油，再放入細砂糖，然後將鋼盆放在冰水盆中，用手持電動攪拌器打至8～9分發泡。

作法

1 同「草莓帕芙洛娃」（p.12）的作法**1**～**6**製作蛋白霜，然後放入榛果粉，用橡皮刮刀攪拌，分成5等分。

2 將**1**分別放在烘焙紙上的圓圈中央，用橡皮刮刀整理成圓形。再用湯匙依序舀起鹽味焦糖醬、巧克力醬，淋在蛋白霜上面，再用牙籤隨意劃圓，製造出大石理紋路（如圖）。

3 放進預熱好的烤箱中烘烤2小時，然後同作法**9**那樣散熱。

4 盛盤，另外盛裝準備好的鮮奶油霜，吃的時候再沾鮮奶油霜一起享用。

鹽味焦糖醬料的材料（容易製作的份量）及作法

鍋中放入水20ml、細砂糖100g，加熱至變成喜歡的焦糖色為止。放入少許粗鹽，熄火，再輕輕注入熱水40ml，攪拌。
※放入乾淨的容器中，可冷藏保存1個月。

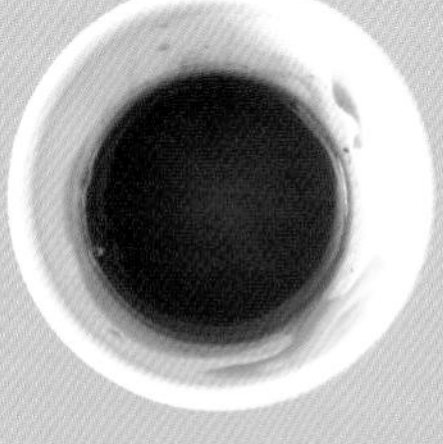

巧克力醬料的材料（容易製作的份量）及作法

鍋中放入鮮奶油50ml，以小火加熱，熄火Ⓐ。調理盆中放入切碎的黑巧克力100g，再放入Ⓐ，攪拌使之溶化。
※放入乾淨的容器中，可冷藏保存2週。

MATCHA PAVLOVA

抹茶和風帕芙洛娃

用抹茶裝扮出日本味。放上和菓子「求肥」和金箔，立即大變身。
鮮奶油霜裡面放了水煮紅豆，真是一款完美的日式甜品。

材料 （直徑約15cm，1塊份）

蛋白餅
- 蛋白　2顆份
- 細砂糖　100g
- 鹽　1小撮
- 抹茶粉　5g

鮮奶油霜
- 鮮奶油　100ml
- 水煮紅豆　40g

抹茶粉（裝飾用）　少許
求肥（裝飾用）*1　20g
食用金箔（裝飾用）*2　少許

*1 使用一個一個單獨包裝的求肥。商品資訊參照P.56
*2 食用金箔。

很容易飛掉，放上去時要小心。旁邊附有專夾金箔的鑷子。
※店家資訊請參照P.96

事前準備

- 在烘焙紙上畫出1個直徑約15cm的圓圈，然後翻面，鋪在烤盤上。
- 將圓口花嘴#14裝進擠花袋中。

（蛋白餅烤好後）
- 製作鮮奶油霜。鋼盆中放入鮮奶油，然後將鋼盆放在冰水盆中，用手持電動攪拌器打至3分發泡。放入水煮紅豆，用手持電動攪拌器打至8～9分發泡。

作法

1 同「草莓帕芙洛娃」（p.12）的作法**1**～**6**製作蛋白霜，然後放入抹茶粉，攪拌，再裝入準備好的擠花袋中。

2 沿著烘焙紙上的圓圈外圍，從外側向中心擠出蛋白霜，然後上面再擠出稍小的一圈（如圖）。放進預熱至100℃的烤箱中烘烤2小時，然後同作法**9**那樣散熱。

3 盛盤，將準備好的鮮奶油霜放在正中央，再用茶篩將抹茶全面撒上去。放上求肥，再輕輕放上金箔。

PINK PAVLOVA

粉紅帕芙洛娃

加了草莓粉而染成粉紅色，並用星口花嘴擠出鮮花模樣。
放上樹莓和可以食用的堇花，可愛爆表。

材料 （直徑約15cm，1塊份）

蛋白餅

- 蛋白　2顆份
- 細砂糖　100g
- 鹽　1小撮
- 草莓粉　10g
- 玫瑰油　2～3滴

鮮奶油霜

- 鮮奶油　100ml
- 細砂糖　10g

樹莓（裝飾用）　20g
食用花（裝飾用）　少許

事前準備

- 在烘焙紙上畫出1個直徑約15cm的圓圈，然後翻面，鋪在烤盤上。
- 將10齒星口花嘴#14裝進擠花袋中。

（蛋白餅烤好後）

- 製作鮮奶油霜。鋼盆中放入鮮奶油，再放入細砂糖，然後將鋼盆放在冰水盆中，用手持電動攪拌器打至8～9分發泡。

作法

1 同「草莓帕芙洛娃」（p.12）的作法**1**～**6**製作蛋白霜，然後放入草莓粉和玫瑰油，用橡皮刮刀攪拌，再裝入準備好的擠花袋中。

2 將**1**從烘焙紙上的圓圈中央往外擠成漩渦狀（此時，保留最外圍1cm左右不擠）。然後，從漩渦的外側往內側斜斜地擠出一圈（如圖）。

3 放進預熱至100℃的烤箱中烘烤2小時，然後同作法**9**那樣散熱。

4 盛盤，用橡皮刮刀將準備好的鮮奶油霜抹在上面，再放上樹莓和食用花。

ORANGE AND CHOCOLATE PAVLOVA

柳橙巧克力帕芙洛娃

柳橙醬汁、柳橙皮和柳橙乾。
大量的柳橙襯托出黑巧克力的深邃風味。

材料 （直徑約12cm，2塊份）

蛋白餅

蛋白　2顆份
細砂糖　100g
鹽　1小撮
可可粉　5g
君度橙酒　少許

黑巧克力奶油

鮮奶油　100ml
黑巧克力　50g

柳橙醬汁（參照下面方塊圖文）　20ml
柳橙皮（參照下面方塊圖文）*1　50g
柳橙（裝飾用）*2　1/2顆

*1 也可選用市售的柳橙皮。
*2 也可選用市售的柳橙乾。

事前準備

- 在烘焙紙上畫出2個直徑約12cm的圓圈，然後翻面，鋪在烤盤上。
- 將裝飾用的柳橙切成3mm厚的圓片，用廚房紙巾按掉水氣。
- 烤箱預熱至100℃。

（蛋白餅烤好後）

- 製作黑巧克力奶油。鍋中放入鮮奶油和巧克力，加熱使巧克力溶化。待稍微散熱後，將鍋子放在冰水盆中，用手持電動攪拌器打至8～9分發泡。

作法

1 同「草莓帕芙洛娃」（p.12）的作法**1**～**6**製作蛋白霜，然後放入可可粉和君度橙酒，攪拌，分成2等分。

2 將**1**分別放在烘焙紙上的圓圈中央，用橡皮刮刀整理成圓形。然後將準備好的柳橙排在烤盤的空白處，同作法**7**～**9**烘烤，放涼。

3 將1塊蛋白餅放在盤中，再放上半量的黑巧克力奶油、半量的柳橙皮。將另1塊蛋白餅疊上去，然後放上黑巧克力奶油、柳橙皮，淋上柳橙汁。最後放上**2**的柳橙乾。

柳橙醬的材料（容易製作的份量）及作法

鍋中放入柳橙果肉1/2個份、柳橙榨汁100ml、蜂蜜50ml、檸檬汁1小匙，以小火加熱至呈濃稠狀態。

※放入乾淨的容器中，可冷藏保存1週。

柳橙皮的材料（容易製作的份量）及作法

將1顆柳橙的外皮薄削下來，用熱水泡1分鐘，再快速過一下冷水，用濾網撈起來Ⓐ。鍋中放入Ⓐ，再放入水200ml、細砂糖200g，以極小火煮將近1小時，中途須不時撈去浮沫，並注意不要煮到溢出來。

※放入乾淨的容器中，可冷藏保存1個月。

MARSHMALLOW CREAM PAVLOVA

棉花糖醬帕芙洛娃

味道有別於鮮奶油的棉花糖奶油「棉花糖醬」，一烤就變得超級蓬鬆。
和椒鹽脆餅一起入口，又是一個嶄新的帕芙洛娃世界。

材料 （直徑約15cm，1塊份）

蛋白餅

- 蛋白　2顆份
- 細砂糖　100g
- 鹽　1小撮
- 肉桂粉　5g

棉花糖奶油「棉花糖醬」（香草）*1　100g
迷你椒鹽脆餅　1袋
板狀巧克力　10g

*1 也可選用一般的棉花糖。
商品資訊參照P.56

事前準備

- 在烘焙紙上畫出1個直徑約15cm的圓圈，然後翻面，鋪在烤盤上。
- 板狀巧克力切成粗粒。
- 烤箱預熱至100℃。

作法

1 同「草莓帕芙洛娃」（p.12）的作法 **1**～**6**製作蛋白霜，然後放入肉桂粉，用橡皮刮刀攪拌。

2 將 **1** 放在烘焙紙上的圓圈中央，用橡皮刮刀整理成圓形，放入預熱好的烤箱中烘烤2小時，然後同作法 **9** 那樣散熱。

3 烤箱再次預熱到200℃。將棉花糖醬放在烤盤上的 **2** 上面（如圖）*2，再連同烤盤放回烤箱中烘烤4分鐘，烤至上色。

*2 棉花糖醬若太硬，先用微波爐加熱30秒。

4 從烤箱中拿出來，撕掉烘焙紙，盛盤。上面裝飾巧克力與迷你椒鹽脆片*3。

*3 此時溫度很高，小心燙傷。先預熱板狀巧克力，使之呈濃稠狀。

OREO PAVLOVA WITH NUTELLA CREAM

奧利奧巧克力榛果帕芙洛娃

利用小朋友最愛的夾心餅乾讓清秀的蛋白餅大變身！
蛋白餅和鮮奶油裡分別藏著巧克力餅乾、巧克力醬，連大人都忍不住大快朵頤。

材料　（約15×20cm的長方形，1塊份）

蛋白餅

- 蛋白　2顆份
- 細砂糖　100g
- 鹽　1小撮
- 可可粉　5g
- 迷你奧利奧夾心餅乾*1　3片

巧克力榛果奶油

- 鮮奶油　100ml
- 巧克力榛果醬*2　50g

迷你奧利奧夾心餅乾（裝飾用）　**13片**

*1 也可選用市售的巧克力餅乾。
*2 也可選用市售的巧克力醬。

事前準備

- 在烘焙紙上畫出1個約15×20cm的長方形，然後翻面，鋪在烤盤上。
- 蛋白餅用的奧利奧餅乾用手掰碎，裝飾用的餅乾則對半切開。
- 烤箱預熱至100℃。

（蛋白餅烤好後）

- 製作巧克力榛果奶油。鋼盆中放入鮮奶油，然後將鋼盆放在冰水盆中，用手持電動攪拌器打至3分發泡，放入巧克力榛果醬，繼續打至8～9分發泡。

作法

1 同「草莓帕芙洛娃」（p.12）的作法**1**～**6**製作蛋白霜，然後放入可可粉、蛋白餅用的奧利奧餅乾的2/3量，輕輕攪拌a、b。

2 將**1**放在烘焙紙上的長方形中央，用橡皮刮刀整理成約15×20cm的長方形c，再將剩餘的蛋白餅用的奧利奧餅乾埋進邊緣d，放進預熱好的烤箱中烘烤2小時，然後同作法**9**那樣散熱。

3 盛盤，用橡皮刮刀將準備好的巧克力榛果奶油抹上去，再垂直插上裝飾用的奧利奧餅乾。

a

b

c

d

ROSE BUTTER CREAM PAVLOVA SANDWICH

玫瑰奶油霜夾心帕芙洛娃

做出了一口大小的卡哇伊帕芙洛娃。
那層粉紅夾心奶油霜要是擠在杯子蛋糕上，肯定超浪漫。

材料　（直徑約3cm的夾心餅乾，15個份）

蛋白餅

- 蛋白　1顆份
- 細砂糖　50g
- 鹽　1小撮
- 玫瑰糖漿*　1小匙

玫瑰奶油霜（參照下面方塊圖文）　50g

* 玫瑰糖漿「MONIN」。

不含酒精的玫瑰風味糖漿。可用於專為小朋友製作的點心中。

事前準備

- 烤盤中鋪上烘焙紙。
- 將15齒星口花嘴#6B裝進（蛋白餅用）擠花袋中。
- 將圓口花嘴#12裝進（奶油霜用）擠花袋中。
- 烤箱預熱至100℃。

作法

1 同「草莓帕芙洛娃」（p.12）的作法**1**～**6**製作蛋白霜，然後放入玫瑰糖漿，用橡皮刮刀攪拌，再裝入準備好的蛋白餅用擠花袋中。

2 在準備好的烤盤中擠出30個直徑約3cm的蛋白霜，放入預熱好的烤箱中烘烤1小時30分鐘，然後同作法**9**那樣散熱。

3 待**2**完全冷卻後，將玫瑰奶油霜放入準備好的奶油霜用擠花袋中，然後2個蛋白餅一組，在平整的那一面擠上適量的奶油霜，夾起來。

玫瑰奶油霜的材料（容易製作的份量）及作法

鋼盆中放入恢復室溫的奶油100g，再放入糖粉300g、玫瑰糖漿1小匙，用打蛋器拌勻。放入一點點食用色素（紅），調成粉紅色。

※將奶油霜整理成一團，用保鮮膜緊密包好，可冷凍保存1個月。解凍時，放在室溫中自然解凍即可。

玫瑰奶油霜也可當成杯子蛋糕的奶油霜。右圖的杯子蛋糕，是將玫瑰奶油霜裝進已裝好9齒星口花嘴#15C的擠花袋中，再擠在市售的杯子蛋糕上面。

EARL GRAY TEA CREAM PAVLOVA SANDWICH

伯爵奶油夾心
帕芙洛娃

略帶紅茶色的蛋白餅中，夾著伯爵茶風味的奶油，十分高雅。
黑莓的酸味是這款帕芙洛娃的亮點。

材料　（直徑約5cm的夾心餅乾，4個份）

蛋白餅
- 蛋白　1顆份
- 細砂糖　50g
- 鹽　1小撮
- 紅茶粉　5g

伯爵奶油
- 鮮奶油　100ml
- 伯爵茶包　1袋
- 白巧克力（切碎）　150g

黑莓*1　12顆

*1 也可選用冷凍黑莓。

事前準備

- 烤盤中鋪上烘焙紙。
- 將圓口花嘴#14裝進擠花袋中。另外各準備1個蛋白餅用及伯爵奶油用的擠花袋，都不裝上花嘴*2。
- 烤箱預熱至100℃。

（蛋白餅烤好後）
- 製作伯爵奶油。鍋中放入鮮奶油，以小火加熱至快要沸騰時熄火，放入茶包，浸泡3～5分鐘，取出茶包Ⓐ。鋼盆中放入白巧克力，再少量多次地放入Ⓐ，每一次都用橡皮刮刀攪拌，使巧克力溶化。

*2 若有2個同樣的圓口花嘴，可準備2個裝上花嘴的擠花袋。

作法

1 同「草莓帕芙洛娃」（p.12）的作法**1**～**6**製作蛋白霜，然後放入紅茶粉，用橡皮刮刀攪拌。

2 將**1**放入蛋白餅用的擠花袋中，前端剪開，再裝進已裝上圓口花嘴的擠花袋中。

3 在準備好的烤盤中擠出8個直徑約5cm的蛋白霜，此時，將要放在上層的蛋白霜擠成尖角挺立狀，放在下層的蛋白霜則擠成表面平坦狀（如圖）。

4 放入預熱好的烤箱中烘烤1小時30分鐘，然後同作法**9**那樣散熱。

5 待**4**完全冷卻後，將伯爵奶油放入準備好的伯爵奶油用擠花袋中，前端剪開，再裝進已裝上圓口花嘴的擠花袋中。在下層蛋白餅的平整面中擠上適量的奶油。

6 各放3顆黑莓在**5**的奶油上，然後擠上**5**的伯爵奶油，再放上有尖角挺立的蛋白餅。

COLUMN 2

可以吃的裝飾品

帕芙洛娃的各種裝飾品，好吃又有趣。
不妨利用市售的餅乾、棉花糖、抹醬等，裝點出獨特感與歡樂氣氛。

1 拐杖糖（P.64）
做成拐杖形狀的糖果。可裝飾在聖誕樹上，也可搗碎後用來增添色彩。

2 求肥（P.44）
以糯米粉為原料的和菓子，口感Q彈。

3 巧克力米（P.76、88）
花形、心形、球形等多彩多姿的糖果，用於頂部裝飾。

4 眼珠糖霜（P.52）
用砂糖做成的眼珠，可以裝點出逗趣的表情。

5 杏仁糖（P.70）
裹上糖衣的杏仁果，喜氣十足。
※店家資訊請參照P.96頁

6 銀球（P.60）
銀色的粒狀糖果，尺寸有大有小。
※店家資訊請參照P.96頁

7 棉花糖
P.57左上那盒裡面裝的就是棉花糖，可纏在竹籤上製造歡樂氣氛。

8 棉花糖醬（P.48）
發泡狀的棉花糖，可放進蛋白霜中烘烤。圖為香草口味。

9 迷你椒鹽脆餅（P.48）

呈蝴蝶結狀的烤製餅乾。略微的鹽味成為帕芙洛娃滋味的亮點。

10 巧克力餅乾（P.50）

餅乾上有漂亮紋路的奧利奧餅乾最有名。本書使用迷你奧利奧夾心餅乾。

11 巧克力榛果醬（P.50）

榛果風味的巧克力抹醬。一般用來塗抹麵包。

12 食用花（P.45、64、84）

用於最後想裝點一些自然的顏色時。

CHAPTER

3

SPECIAL DAY PAVLOVA

特別節日的帕芙洛娃

生日、聖誕節、萬聖節、情人節……

為了特別的日子，當然要製作特別的帕芙洛娃。

不需要模型，形狀及顏色都可自由變化，請配合主題盡情發揮吧！

生日快樂帕芙洛娃

→ 作法請見p.60～

BIRTHDAY PAVLOVA

生日快樂帕芙洛娃

包含祝福的心意慶祝生日。不只在海綿蛋糕上裝飾，
最上面還放了一大塊蛋白餅，再撒上草莓粉，完成超可愛甜點。

材料 （直徑約15cm，1塊份）

蛋白餅

- 蛋白　1顆份
- 細砂糖　50g
- 鹽　1小撮
- 草莓粉　5g

鮮奶油霜

- 鮮奶油　100ml
- 細砂糖　10g

海綿蛋糕用糖漿

- 細砂糖　25g

海綿蛋糕（市售）*1　5號的圓型蛋糕1個
草莓　10～15顆
銀球（大顆和小顆／裝飾用）*2　各適量
草莓粉（裝飾用）　適量

*1 自己動手做海綿蛋糕的話，參照下面方塊圖文。
*2 銀球（大顆）。

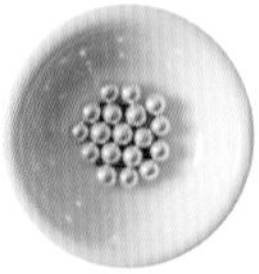

大顆很有份量感，
可裝點得更華麗。
※商品資訊請參照P.56

事前準備

- 在烘焙紙上畫出1個直徑約15cm的圓圈，然後翻面，鋪在烤盤上。
- 將圓口花嘴#14裝進擠花袋中。另外各準備1個蛋白餅用及鮮奶油霜用的擠花袋，都不裝上花嘴*3。
- 烤箱預熱至100℃。

（蛋白餅烤好後）

- 製作海綿蛋糕用糖漿。鍋中放入水50ml和細砂糖，以小火加熱，同時攪拌使糖溶化，然後熄火，放涼。
- 製作鮮奶油霜。鋼盆中放入鮮奶油，再放入細砂糖，然後將鋼盆放在冰水盆中，用手持電動攪拌器打至8～9分發泡。

*3 若有2個同樣的圓口花嘴，可準備2個裝上花嘴的擠花袋。

自己動手做海綿蛋糕的話

材料 （5號的圓型模型1模份）

蛋　2顆
細砂糖　55g
低筋麵粉　35g
玉米粉　15g
融化奶油　20ml

事前準備

- 烤箱預熱至170℃。

作法

1 鋼盆中打入蛋，再放入細砂糖，用手持電動攪拌器打發。

2 打至泛白、整個發黏後，撒入低筋麵粉和玉米粉，用木鏟大致攪拌。最後放入融化奶油，整個拌勻。

3 倒入模型中，再放入預熱好的烤箱中烘烤25分鐘。用竹籤刺看看，如果不會沾上麵糊就表示烤好了。

4 脫模，倒放在涼架上散熱。

作法

1 同「草莓帕芙洛娃」(p.12)的作法1～6製作蛋白霜，然後放入草莓粉，用橡皮刮刀攪拌。

2 將1放入蛋白餅用的擠花袋中，前端剪開，再裝進已裝上圓口花嘴的擠花袋中。在準備好的烤盤中擠出漩渦狀*4。

*4 已裝上圓口花嘴的擠花袋，在之後擠鮮奶油霜時還要利用到，因此拿掉2的蛋白餅用擠花袋後，要將花嘴擦乾淨。如果最後要插蛋糕插牌的話，這時先用竹籤將要插蛋糕插牌的位置插出一個洞來。

3 放入預熱好的烤箱中烘烤1小時30分鐘，然後同作法9那樣散熱。

4 用刷子將準備好的海綿蛋糕用糖漿刷在海綿蛋糕上ⓐ，再放上1/3量的鮮奶油霜ⓑ。

5 將剩餘的鮮奶油霜的半量放入鮮奶油霜用的擠花袋中，前端剪開，再裝進已裝上圓口花嘴的擠花袋中。將草莓等距離地排在外圍一圈，然後將鮮奶油霜擠在草莓中間ⓒ。再將剩餘的草莓排進蛋糕內側ⓓ，將剩餘的鮮奶油霜擠在草莓中間ⓔ。

6 放上3ⓕ，用茶篩將裝飾用的草莓粉篩上去，再撒上銀球*5。

*5 隨個人喜好插上蛋糕插牌，增加華麗感。

外型像是海綿蛋糕戴一頂蛋白餅帽子。
切面也超可愛！

HALLOWEEN HAUNTED PAVLOVA

萬聖節妖怪帕芙洛娃

蛋白餅妖怪下面有濃郁的南瓜奶油。
請豪邁地拌入藍莓醬汁，大快朵頤吧！

材料　（直徑約15cm，1塊份）

蛋白餅
- 蛋白　2顆份
- 細砂糖　100g
- 鹽　1小撮

鮮奶油霜
- 鮮奶油　100ml
- 細砂糖　10g
- 奶油起司（恢復常溫）　30g

食用色素（黑）*1　少許
眼珠糖霜（眼珠的裝飾）　適量
南瓜奶油（參照下面方塊圖文）　100g
藍莓醬汁（參照p.17）　50ml

*1 **食用色素（黑）。**

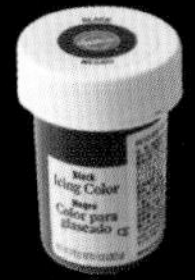

用於在糖霜餅乾上描繪圖案時。

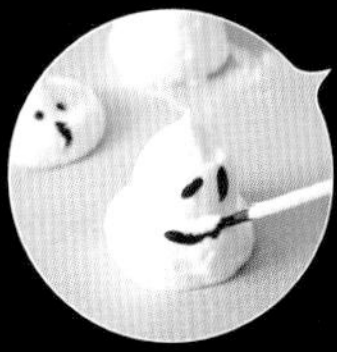

事前準備

- 在烘焙紙上畫出1個直徑約15cm的圓圈，然後翻面，鋪在烤盤上。
- 將圓口花嘴#14裝入擠花袋中。
- 烤箱預熱至100℃。

南瓜奶油的材料（容易製作的份量）及作法

鍋中放入去掉內膜和外皮，並且蒸好的南瓜100g及鮮奶油50ml、甜菜糖10g，以小火加熱，並同時將南瓜大致搗爛。待整個融合後，放入奶油10g，攪拌成糊狀。

※放入乾淨的容器中，可冷藏保存2週。

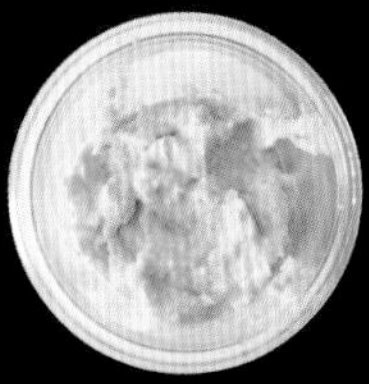

作法

1 同「草莓帕芙洛娃」（p.12）的作法**1**～**6**製作蛋白霜，然後用橡皮刮刀取2/3量鋪在烘焙紙上的圓圈內側，再用湯匙於側面拉出尖角ⓐ。

2 將剩餘的**1**裝入擠花袋中，然後在烤盤的空白處擠出裝飾用的妖怪蛋白霜8～10個*2。如果蛋白霜還沒擠完，就擠在**1**上，擠出尖角ⓑ。

*2 **用力擠壓擠花袋，或是輕輕拉起擠花袋，擠出不規則的形狀才有妖怪的感覺。**

3 用牙籤尖端沾取黑色食用色素，畫在作法**2**擠出來的妖怪蛋白霜上，或是貼上眼珠糖霜，做出表情*3。

*3 **左右眼睛大小不一，線條有粗有細、有強有弱，表情會更生動（如圖）。**

4 放入預熱好的烤箱中烘烤2小時，然後同作法**9**那樣散熱。

5 蛋白餅烤好後就製作鮮奶油霜。鋼盆中放入鮮奶油，再放入細砂糖，然後將鋼盆放在冰水盆中，用手持電動攪拌器打至3分發泡後，放入奶油起司，繼續打至8～9分發泡。

6 將**4**的蛋白餅放在盤中，上面放南瓜奶油和**5**，淋上藍莓醬汁，最後放上**4**的妖怪蛋白餅。

a

b

CHRISTMAS PAVLOVA WREATH

聖誕快樂帕芙洛娃

將蛋白餅烤成花圈狀，再放上紅紅綠綠的裝飾，就有聖誕節氣氛了。
鮮奶油霜裡加了香檳。若要專門做給小朋友吃，就以氣泡蘋果汁取代香檳。

材料 （外徑約18cm×內徑15cm，1塊份）

蛋白餅

- 蛋白　2顆份
- 細砂糖　100g
- 鹽　1小撮
- 香草莢　1/4根

鮮奶油霜

- 鮮奶油　100ml
- 香檳　80ml
- 細砂糖　40g
- 吉利丁　5g

草莓（裝飾用）　10g
開心果（裝飾用）　10g
食用花（裝飾用）　適量
拐杖糖（裝飾用）*　適量
* 拐杖形狀的糖果。

事前準備

- 在烘焙紙上畫出1個直徑約18cm的圓圈，然後翻面，鋪在烤盤上。
- 將圓口花嘴#14裝進（蛋白餅用）擠花袋中。
- 將7齒星口花嘴#12C裝進（鮮奶油霜用）擠花袋中。
- 烤箱預熱至100℃。

（蛋白餅烤好後）

- 製作鮮奶油霜。鍋中放入香檳和細砂糖，加熱，待糖溶化後熄火，放入吉利丁，攪拌，放涼Ⓐ。鋼盆中放入鮮奶油，然後將鋼盆放在冰水盆中，用手持電動攪拌器打至6分發泡。將Ⓐ少量多次地放進去，每一次都確實攪拌，打至8～9分發泡。
- 縱向劃開香草莢，刮除種籽。
- 草莓縱向切成2～4等分。開心果去殼。拐杖糖折斷（或用搗槌拍打），拍成粗粒。

作法

1. 同「草莓帕芙洛娃」（p.12）的作法**1**～**6**製作蛋白霜，然後放入香草莢的種籽，用橡皮刮刀攪拌。
2. 將**1**裝入準備好的蛋白餅用擠花袋中，擠在烘焙紙的圓圈線上，連成花圈狀**a**。
3. 擠完一圈後，再繼續擠在**2**上面，讓花圈更有份量**b**。側面用橡皮刮刀抹成光滑狀**c**。
4. 放入預熱好的烤箱中烘烤2小時，然後同作法**9**那樣散熱。
5. 盛盤，將準備好的鮮奶油霜裝入鮮奶油霜用擠花袋中，然後擠在上面，擠成螺旋狀。
6. 放上準備好的草莓，再撒上開心果和食用花、拐杖糖。

a

b

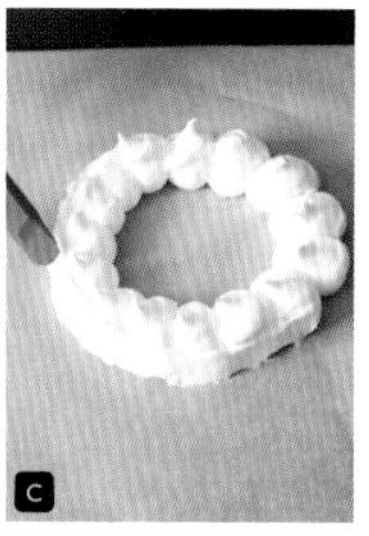
c

NEW YEAR'S SCOOP PAVLOVA

新年帕芙洛娃

你一勺我一勺，眾人齊分享的勺子蛋糕（SCOOP CAKE）帕芙洛娃。
覆盆子的紅，鮮奶油霜＆蛋白餅的白，組合出日本新年的紅白喜氣。

材料（23×14×深7cm的耐熱容器，1盤份）

蛋白餅

- 蛋白　2顆份
- 細砂糖　100g
- 鹽　1小撮
- 杏仁粉　5g

杏仁片　適量

鮮奶油霜

- 鮮奶油　100ml
- 細砂糖　10g

派麵團

- 酥皮（市售）　23×14cm1片
- 細砂糖　少許

覆盆子內餡

- 覆盆子[*1]　300g
- 細砂糖　100g
- 檸檬汁　1小匙
- 吉利丁　5g

*1 也可選用冷凍的覆盆子。

事前準備

- 烤箱預熱至200℃。
- 在烘焙紙上畫出1個23×14cm的長方形，然後翻面，鋪在烤盤上。

（蛋白餅烤好後）

- 製作鮮奶油霜。鋼盆中放入鮮奶油，再放入細砂糖，然後將鋼盆放在冰水盆中，用手持電動攪拌器打至8～9分發泡。

作法

1 耐熱容器中鋪上酥皮，再用叉子戳洞 a，撒上細砂糖，放入預熱好的烤箱中烘烤20分鐘。

2 製作覆盆子內餡。鍋中放入覆盆子2/3量和細砂糖，撒上檸檬汁，靜置10分鐘，再以小火加熱，煮至出現濃稠狀後，放入剩餘的覆盆子和吉利丁，攪拌，熄火放涼。

3 將**2**倒入**1**中 b，放入冰箱冰1小時，使之凝固。

4 同「草莓帕芙洛娃」(p.12)的作法**1**～**6**製作蛋白霜，然後放入杏仁粉，用橡皮刮刀攪拌。

5 將**4**放入烘焙紙上的長方形中間，用橡皮刮刀整理成型（要能放進耐熱容器中），然後撒上杏仁片。放入預熱至100℃的烤箱中烘烤2小時，然後同作法**9**那樣散熱。

6 用橡皮刮刀將鮮奶油霜抹到從冰箱拿出來的**3**上面 c，再放上**5** d[*2]。

*2 隨喜好裝飾蛋糕插牌以增加華麗感。

love

VALENTINE PAVLOVA

情人節帕芙洛娃

適合在情人節登場的浪漫心型帕芙洛娃。
放上「love」字樣的蛋白餅，包含滿滿愛意。

材料　（直徑約15cm，1塊份）

蛋白餅
- 蛋白　2顆份
- 細砂糖　100g
- 鹽　2小撮
- 冷凍覆盆子乾　10g
- 玫瑰油　2～3滴

鮮奶油霜
- 鮮奶油　100ml
- 細砂糖　10g
- 覆盆子果醬（參照下面方塊圖文）*1　20g

覆盆子（裝飾用）*2　50g
藍莓（裝飾用）*3　20g
「love」蛋白餅（裝飾用／材料同P.88「玫瑰蛋白餅棒棒糖」）*4　1個
糖粉（完成用）　適量

*1 也可選用市售的覆盆子果醬。
*2、*3 也可選用冷凍的。
*4 也可選用P.88的巧克力米。

事前準備

- 在烘焙紙上畫出1個直徑約15cm的心形和草寫體的「love」，然後翻面，鋪在烤盤上。
- 將8齒星口花嘴#30裝在（「love」用）擠花袋中。
- 烤箱預熱至100℃。

（蛋白餅烤好後）
- 製作鮮奶油霜。鋼盆中放入鮮奶油，再放入細砂糖，然後將鋼盆放在冰水盆中，用手持電動攪拌器打至6分發泡，放入覆盆子果醬，再打至8～9分發泡。

作法

1 同「草莓帕芙洛娃」（p.12）的作法**1**～**6**製作蛋白霜，然後用湯匙將放在茶篩中的覆盆子乾擠壓出來，撒在蛋白霜上（參照P.40 a 圖），再放入玫瑰油，用橡皮刮刀攪拌。

2 將**1**放入烘焙紙上的心形中間，用橡皮刮刀整理成心型（如圖）。

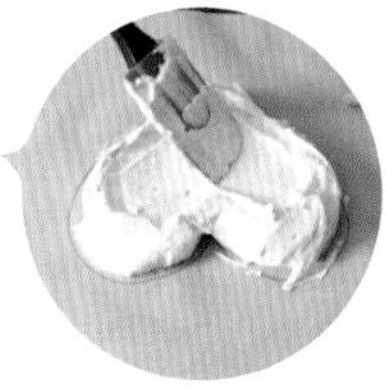

3 同「玫塊蛋白霜棒棒糖」（P.88）的作法**1**製作蛋白霜，然後裝入準備好的「love」用擠花袋中，擠在烘焙紙的草寫體字樣上*5。

*5 多餘的蛋白霜可隨意擠出來一同烘烤，然後冷凍保存起來（參照P.92）。

4 將**2**和**3**放入預熱好的烤箱中烘烤2小時，然後同作法**9**那樣散熱。

5 盛盤，放上準備好的鮮奶油霜，再放上覆盆子和藍莓，撒上糖粉，最後放上**4**的「love」。

覆盆子果醬的材料（容易製作的份量）及作法

鍋中放入用果汁機打好的覆盆子100g，以小火加熱至表面有點冒泡後，過濾出來即可。

※放入乾淨的容器中，可冷凍保存3週。解凍時，放在冰箱中自然解凍即可。

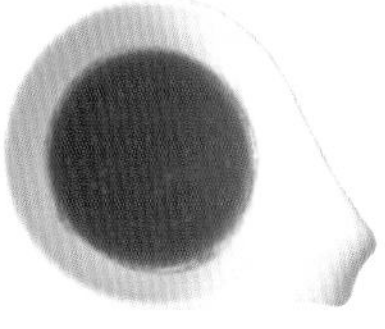

EASTER PAVLOVA NEST

復活節彩蛋帕芙洛娃

為蛋殼上色的復活節彩蛋，是不可缺少的應景飾品。
把蛋白餅做成鳥巢狀，用杏仁糖當彩蛋。

材料　（直徑約5cm，8個份）

蛋白餅

- 蛋白　2顆份
- 細砂糖　100g
- 鹽　1小撮
- 開心果粉　10g

白巧克力奶油

- 鮮奶油　100ml
- 白巧克力（切碎）　50g

杏仁糖*1　80g（24顆）

*1 杏仁糖。

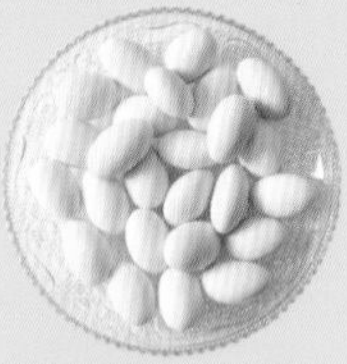

裹上一層粉彩糖衣的杏仁果。
※商品資訊請參照P.56

事前準備

- 在烘焙紙上畫出8個直徑約5cm的圓圈，然後翻面，鋪在烤盤上。
- 將7齒星口花嘴#12C裝進擠花袋中。另外各準備1個蛋白餅用及白巧克力奶油用的擠花袋，都不裝上花嘴。
- 烤箱預熱至100℃。

（蛋白餅烤好後）

- 製作白巧克力奶油。鍋中放入鮮奶油和巧克力，以小火加熱使巧克力溶化。待稍微散熱後，將鍋子放在冰水盆中，用手持電動攪拌器打至8～9分發泡。

作法

1 同「草莓帕芙洛娃」（p.12）的作法**1**～**6**製作蛋白霜，然後放入開心果粉，用橡皮刮刀攪拌。

2 將**1**裝入蛋白餅用的擠花袋中，前端剪開，裝進已裝上星口花嘴的擠花袋中。在烘焙紙上的圓圈內側擠出漩渦狀，然後沿著外圍於上面再擠一圈，做成鳥巢狀（如圖）*2，讓裡面可以擠入白巧克力奶油。

*2 已裝上星口花嘴的擠花袋，在之後擠白巧克力奶油時還要用到，因此拿掉蛋白餅用的擠花袋後，要將花嘴擦乾淨。

3 放入預熱好的烤箱中烘烤1小時30分鐘，然後同作法**9**那樣散熱。

4 將準備好的白巧克力奶油裝入奶油用擠花袋中，前端剪開，再裝進作法**2**中已裝好星口花嘴（先擦乾淨）的擠花袋中，然後擠在每一個**3**的中間，再各放3個杏仁糖。

HUITIÈME LOT
Une pièce de terre nommée
Situés
Un bâtiment
terrain ci-après

COLUMN 3

用蛋糕插牌來增添華麗感

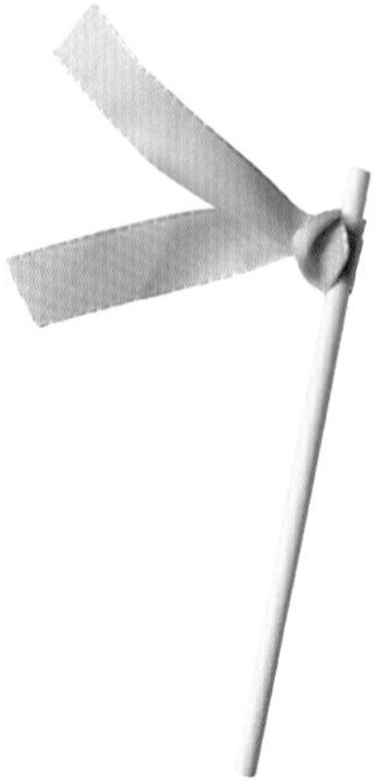

蝴蝶緞帶（H）

將較粗的絲綢緞帶綁在竹籤上，並綁成蝴蝶模樣，這樣就夠可愛了。

彩帶插牌（H）

將2張圓形色紙夾住棉線黏起來，再將棉線兩端綁在吸管上。

旗幟緞帶（H）

將細緞帶綁在竹籤上，並綁成旗幟模樣，簡單又可愛。

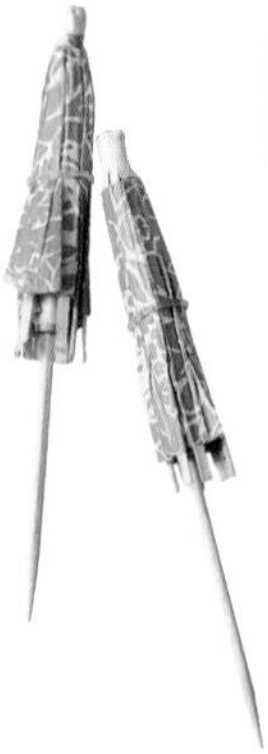

小洋傘（P）

五顏六色的傘狀插牌。用於派對上可增添歡樂氣氛。

數字插牌

用於生日或紀念日的小道具。上面的星星會晃動，相當有趣。

小碎花布插牌（H）

用雙面膠帶將小碎花布或蕾絲黏在竹籤上，營造華麗感。

※（H）指手作，（P）指市售品。
THE PARTY SHOP　http://www.thepartyshop.jp（商品會因季節而變動）

用來傳達祝賀訊息或增添華麗感的蛋糕插牌。
選購五花八門的市售品很方便，自己動手作也魅力十足。

霓虹蛋糕插牌（P）

霓虹色超可愛！這款壓克力製插牌能讓生日派對氣氛更嗨。

love壓克力插牌（P）

金色鏡面加工，閃閃發亮，洋溢奢華感。

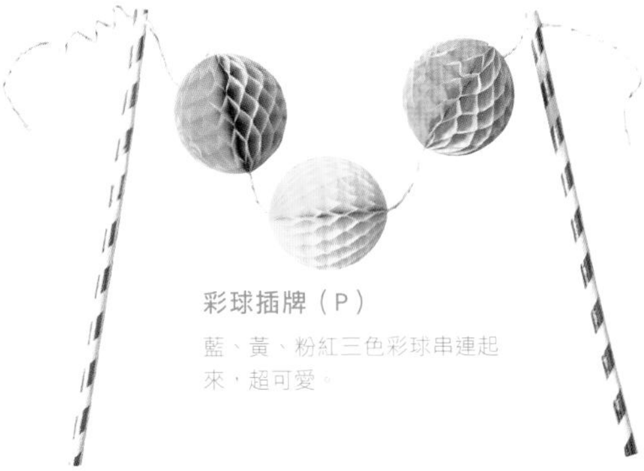

彩球插牌（P）

藍、黃、粉紅三色彩球串連起來，超可愛。

翹鬍子插牌（H）

用厚紙做成飛翹的鬍子，再黏在紙吸管上。

FOREVER蛋糕插牌

每個字母單獨分開，可前後不一地插在蛋糕上，更顯華麗。

紅鶴插牌

亮麗的粉紅色，搭配膨脹成彩球般的翅膀，精致又可愛。

CHAPTER

4

MERINGUE SWEETS

蛋白霜甜點

除了搭配鮮奶油霜和水果之外，也可擠成一口大小、
配上冰淇淋、和健康食品一起享用。
這裡介紹千變萬化、可口又可愛的蛋白霜甜點食譜。

蛋白霜脆糖

→ 作法請見p.76～

MERINGUE KISSES

蛋白霜脆糖

擠成小巧玲瓏狀的蛋白霜，簡直跟水滴巧克力一樣！
以下介紹利用不同的花嘴、配料、轉印紙等，做出形形色色的蛋白霜脆糖。

①原色脆糖

②巧克力薄荷脆糖

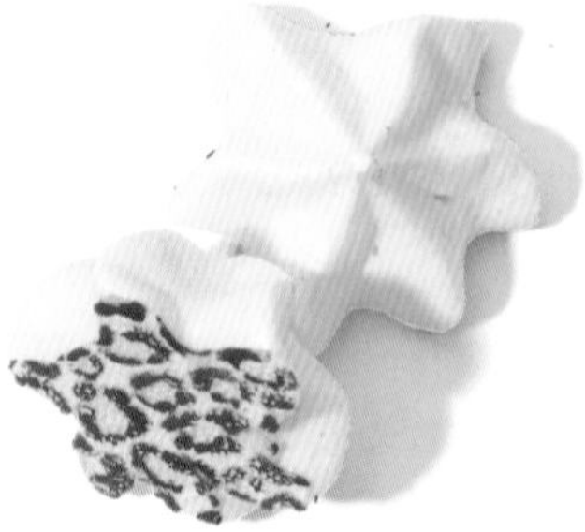
③豹紋脆糖

④紅條紋脆糖

⑤草莓脆糖

⑥堅果脆糖

⑦藍莓脆糖

⑧巧克力雪花脆糖

材料　（直徑約2～3cm，計60個份）

蛋白餅

蛋白　2顆份
細砂糖　100g
鹽　1小撮

①原色脆糖

香草油　少許

②巧克力薄荷脆糖

巧克力片　30～40g
薄荷油　極少量
食用色素（綠）*1　極少量

③豹紋脆糖

甜點用轉印紙（豹紋）　14×14cm1片

④紅條紋脆糖

食用色素（紅）*2　少許

⑤草莓脆糖

草莓乾　少許

⑥堅果脆糖

杏仁果（用搗槌搗成粗粒）　少許

⑦藍莓脆糖

藍莓醬汁（參照p.17或選用市售品）　5g

⑧巧克力雪花脆糖

巧克力（隔水加熱融化）　20～30g
巧克力米　少許

*1、*2 食用色素。

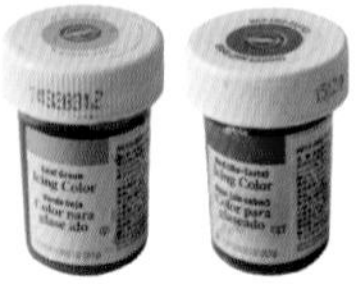

圖片所示的膠狀食用色素，極少量也能做出漂亮的顏色，十分推薦。

事前準備

- 烤盤上鋪好烘焙紙。
- 參照作法**2**，分別準備擠花袋與花嘴。

作法

1 同「草莓帕芙洛娃」（p.12）的作法**1**～**6**製作蛋白霜。

2 如果要做出這8種脆糖，就將**1**分成8等分（或是要做幾種就分成幾等分），再依照下列步驟擠在準備好的烤盤中。

※要擠出兩種以上的蛋白霜脆糖時，先將蛋白霜裝進前端剪開的擠花袋中，再裝進已裝上花嘴的擠花袋中a，然後擠出來。這樣就能省下換花嘴和蛋白霜的工夫了。

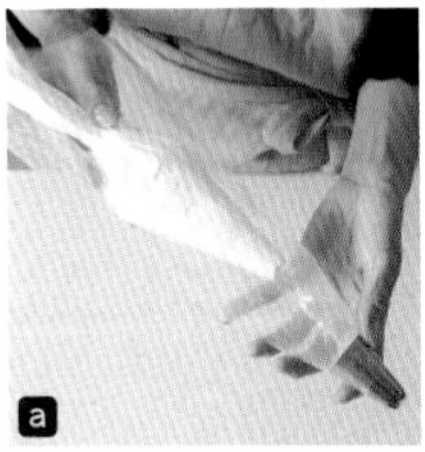

①原色脆糖
將香草油放入**1**中，用橡皮刮刀攪拌，再裝入已經裝上14齒星口花嘴#4B的擠花袋中，擠出來b。

②巧克力薄荷脆糖
將巧克力片排在鋪於烤盤中的烘焙紙上。將薄荷油和食用色素放入**1**中，用橡皮刮刀攪拌，再裝入已經裝上7齒星口花嘴#12C的擠花袋中，擠在巧克力片的上面c。

③豹紋脆糖
將轉印紙排在鋪於烤盤中的烘焙紙上。將**1**裝入已經裝上7齒星口花嘴#12C的擠花袋中，再擠在轉印紙上面d。

④紅條紋脆糖
用牙籤將食用色素畫在已裝於擠花袋中的圓口花嘴#12內側，共畫出5條e，再裝入**1**，擠出來f。

⑤草莓脆糖
用手撕碎草莓乾g。將**1**裝入已經裝上圓口花嘴#12的擠花袋中，擠出來，再放上草莓乾當裝飾。

⑥堅果脆糖
將**1**裝入已經裝上圓口花嘴#12的擠花袋中，擠出來，再放上杏仁果當裝飾h。

⑦藍莓脆糖
將藍莓醬汁放入**1**中，大致攪拌i，再裝入已經裝上圓口花嘴#12的擠花袋中，擠出來。

⑧巧克力雪花脆糖
將**1**裝入已經裝上圓口花嘴#12的擠花袋中，擠出來。

3 放入預熱至100℃的烤箱中烘烤1小時，然後直接放在烤箱中30分鐘，待稍微冷卻後，將③撕去轉印紙，其餘則從烘焙紙上拿下來。

4 將⑧的底部沾上融化的巧克力j，再沾上巧克力米k，晾乾。

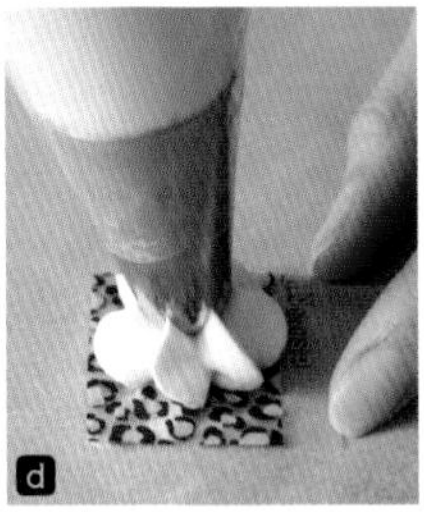
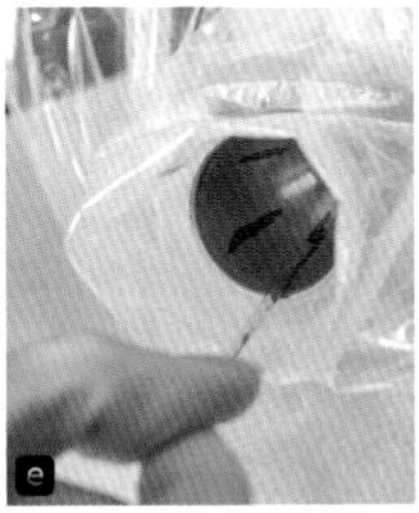
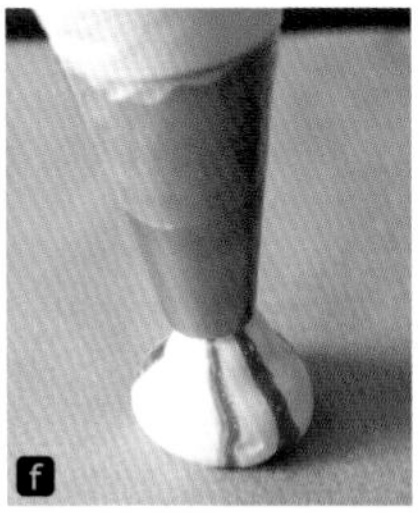
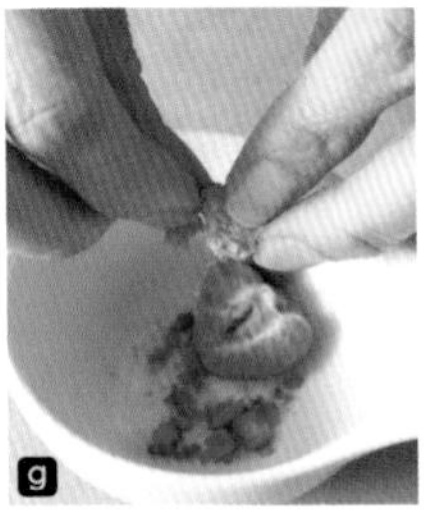
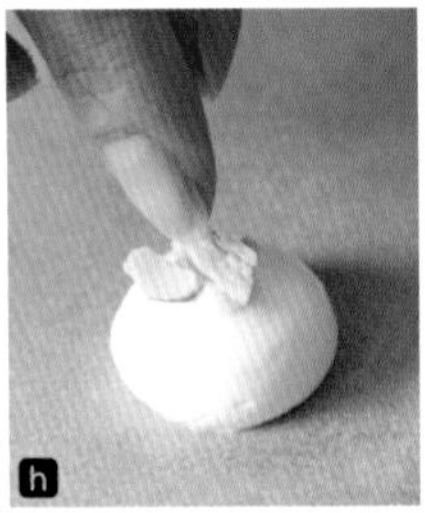
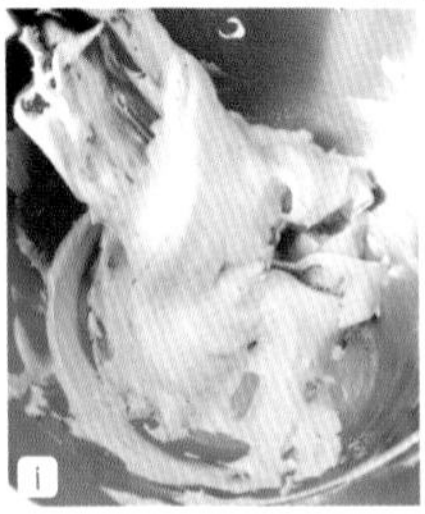
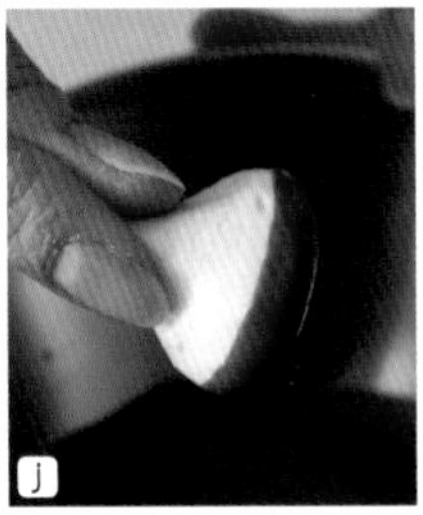

INVISIBLE MERINGUE ICE CREAM

隱藏版蛋白霜冰淇淋

用渾身尖角的蛋白霜來包裹香草冰淇淋。
和煎好的蘋果一起放在小鑄鐵平底鍋上，再稍微烤一下就可上桌了。

材料 （直徑約12cm的鑄鐵平底鍋，2鍋份）

蛋白餅

- 蛋白　1顆份
- 細砂糖　50g
- 鹽　1小撮

香草冰淇淋　2球（約100g）

煎蘋果

- 蘋果　1顆
- 細砂糖　40g
- 奶油　20g

肉桂粉　適量

事前準備

- 將2球冰淇淋分別放在平底方盤上，再放進冷凍庫冰好。
- 用牙籤在蘋果上面刺幾個洞，以免煎好時脫皮，然後縱向切成4片。
- 烤箱預熱至200℃。

作法

1 同「草莓帕芙洛娃」（p.12）的作法**1**～**6**製作蛋白霜。

2 讓香草冰淇淋裹上蛋白霜。將準備好的冰淇淋放入**1**的鋼盆中，用2根湯匙邊打轉冰淇淋邊使之裹上蛋白霜 a ，然後放在平底方盤上。另一球冰淇淋也以同樣方式處理。然後用湯匙背面在蛋白霜表面拉出尖角 b 。不包上保鮮膜，直接連同平底方盤放進冷凍庫冰40分鐘。

3 煎蘋果。小鑄鐵平底鍋（或其他能放進直火烤箱中的耐熱容器）中放入半量的細砂糖和半量的奶油、少量的水，以小火加熱，待細砂糖溶化後，放入半量的蘋果，煎一下 c 。以同樣方式處理另一盤*1。

*1 也可將全部材料放進較大的耐熱容器中一起煎。

4 用廚房紙巾拭去平底鍋中多餘的油，再放入1個**2** d 。以同樣方式處理另一盤*2。

*2 也可將全部材料排進較大的耐熱容器中。

5 將**4**放入預熱好的烤箱中烘烤3分鐘。待出現烤色後取出，在蘋果上面撒上肉桂粉。

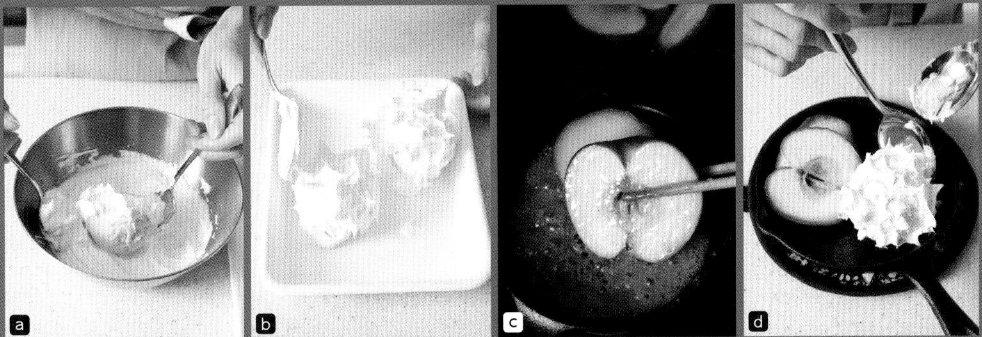

LEMON MERINGUE CUPS

檸檬蛋白霜杯子餅乾

蛋白做蛋白餅、蛋黃做檸檬蛋黃醬，使用全蛋，一點都不浪費。
將蛋白霜擠成杯子形狀，用溫柔的滋味包住檸檬蛋黃醬的酸甜。

材料（直徑約6.5×高3cm的瑪芬模型，4個份）

蛋白餅

- 蛋白　2顆份
- 細砂糖　100g
- 鹽　1小撮
- 檸檬粉　5g

檸檬蛋黃醬（參照下面方塊圖文）　全量
薄荷葉（裝飾用）　少許

事前準備

- 將圓口花嘴#10裝進擠花袋中。
- 烤箱預熱至100℃。

作法

1 同「草莓帕芙洛娃」（p.12）的作法**1**～**6**製作蛋白霜，然後放入檸檬粉，用橡皮刮刀攪拌。

2 烤盤上鋪好烘焙紙，將瑪芬模型*倒置上去。將**1**裝入準備好的擠花袋中，擠在模型上，先擠出杯子蛋糕的底部部分，再沿著模型側面由下往上擠出來（如圖）。

＊ 這裡使用一次可製作6個蛋糕的矽膠製瑪芬模型。

3 放入預熱好的烤箱中烘烤1小時30分鐘，然後直接放在烤箱中30分鐘散熱。

4 用湯匙將檸檬蛋黃醬舀進**3**中，放上薄荷葉當裝飾。

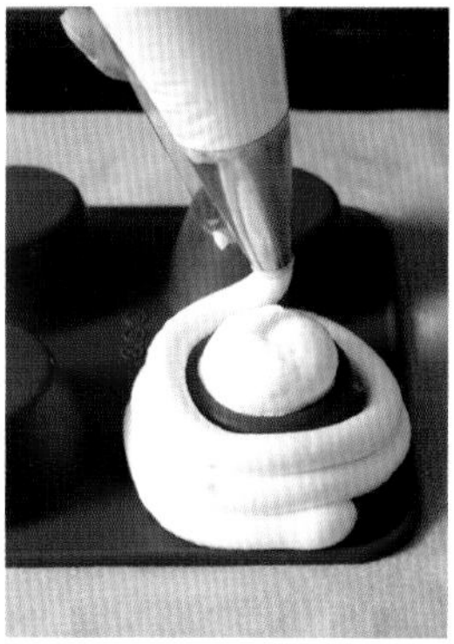

檸檬蛋黃醬的材料（容易製作的份量）及作法

鍋中放入檸檬汁2顆份、奶油50g，以小火加熱至奶油融化後熄火，放涼Ⓐ。調理盆中放入蛋黃2顆份，打散，再放入細砂糖100g、低筋麵粉10g，攪拌，然後一點一點放入Ⓐ的鍋中，拌勻。再次以小火加熱，煮至呈濃稠狀態後熄火，放涼。

※放入乾淨的容器中，可冷藏保存1週。

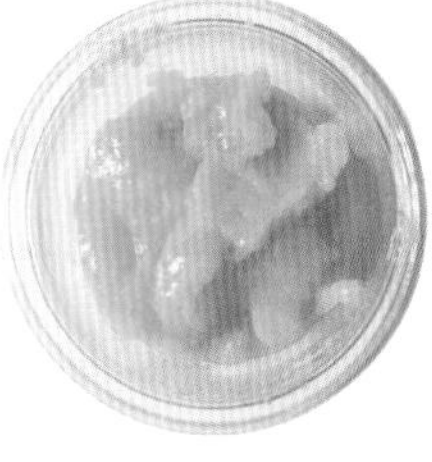

MERINGUE CHANTILLY

雪白蛋白霜香緹奶油夾心

這是一款在蛋白霜中夾入鮮奶油的法式甜點。
蛋白霜與鮮奶油霜的潔白、入口即化的甜美一次滿足。

材料 （10×5cm，6片份）

蛋白餅

- 蛋白　2顆份
- 細砂糖　100g
- 鹽　1小撮
- 草莓粉　2g

鮮奶油霜

- 鮮奶油　100ml
- 細砂糖　10g

隨喜好準備花茶的花（裝飾用）　適量

事前準備

- 在烘焙紙上畫出4條間隔10cm的直線，然後翻面，鋪在烤盤上。
- 準備3個擠花袋，一個裝入9齒星口花嘴#15CⒶ，一個裝入8齒星口花嘴#30Ⓑ，一個裝入14齒星口花嘴#4BⒸ。

作法

1 同「草莓帕芙洛娃」（p.12）的作法**1**～**6**製作蛋白霜。

2 將**1**的蛋白霜3/4量裝入準備好的擠花袋Ⓐ中，擠在烘焙紙上的直線中間，並擠出10cm長的S字形，一共擠出6條（如左圖）。

3 將草莓粉放入剩餘的**1**中，用橡皮刮刀攪拌，裝入擠花袋Ⓑ中，然後在擠好的**2**上面各擠出小小的2個蛋白霜（如右圖）。

4 放入預熱至100℃的烤箱中烘烤1小時30分鐘，散熱。

5 製作鮮奶油霜。鋼盆中放入鮮奶油，再放入細砂糖，用手持電動攪拌器打至9分發泡，然後裝入擠花袋Ⓒ中。

6 將**4**的蛋白餅分成2片一組，在一片蛋白餅的平整面上擠出適量的**5**，然後疊上另一片。

7 盛盤，擠上剩餘的鮮奶油霜，再隨喜好裝飾花茶的花。

BICOLORED MERINGUE CHANTILLY

雙色蛋白霜香緹奶油夾心

用黑巧克力粉調成優雅灰的蛋白霜，搭配經典的雪白蛋白霜，
中間再夾上有著萊姆葡萄乾芳香的鮮奶油。

材料 （10×5cm，6片份）

蛋白餅

- 蛋白　2顆份
- 細砂糖　100g
- 鹽　1小撮
- 黑巧克力粉*1　2g

鮮奶油霜

- 鮮奶油　100ml
- 細砂糖　10g
- 萊姆葡萄乾（切碎）　20g

隨喜好準備巧克力（裝飾用）*2　適量

*1 也可用一般的可可粉，做成偏咖啡色。
*2 作法請參照封面折口的食譜。

事前準備

- 在烘焙紙上畫出4條間隔10cm的直線，然後翻面，鋪在烤盤上。
- 準備3個擠花袋，一個裝入9齒星口花嘴#15CⒶ，一個裝入圓口花嘴#12Ⓑ，一個不裝花嘴，尖端剪開Ⓒ。

作法

1 同「草莓帕芙洛娃」(p.12)的作法**1**～**6**製作蛋白霜，然後分成2等分，其中一個放入黑巧克力粉，用橡皮刮刀攪拌。

2 將**1**的原味蛋白霜裝入未裝上花嘴的擠花袋Ⓒ中，然後裝進已裝上星口花嘴的擠花袋Ⓐ中。擠在烘焙紙上的直線中間，並擠出10cm長的波浪形，一共擠出3條*3。

*3 在作法**3**時，會將黑巧克力粉蛋白霜裝入這個裝過原味蛋白霜的擠花袋Ⓒ中，因此完成作法**2**後，先將擠花袋Ⓒ從擠花袋Ⓐ中拿出來。

3 將**1**的黑巧克力粉蛋白霜裝入作法**2**時用過的未裝上花嘴的擠花袋Ⓒ中，再裝入已裝上星口花嘴的擠花袋Ⓐ中，以同樣方式擠出來（如右圖）。

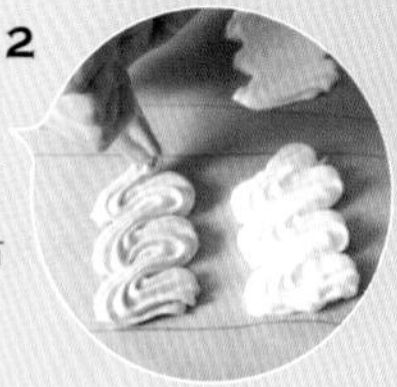

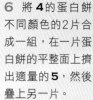

4 放入預熱至100℃的烤箱中烘烤1小時30分鐘，散熱。

5 製作鮮奶油霜。鋼盆中放入鮮奶油，再放入細砂糖、萊姆葡萄乾，用手持電動攪拌器打至9分發泡，然後裝入擠花袋Ⓑ中。

6 將**4**的蛋白餅不同顏色的2片合成一組，在一片蛋白餅的平整面上擠出適量的**5**，然後疊上另一片。

7 盛盤，擠上剩餘的鮮奶油霜，再隨喜好裝飾巧克力。

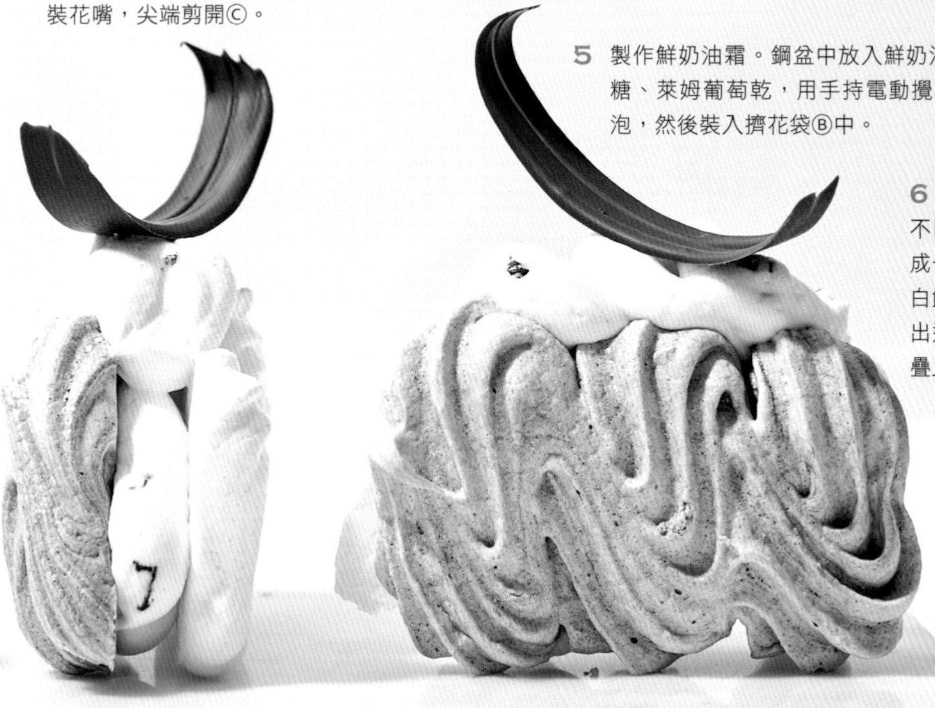

EATON MESS

伊頓混亂

這是一款用湯匙將草莓、鮮奶油、
蛋白霜攪在一起吃的英國傳統甜點。
這裡加了穀麥、藍莓、優格，
做成芭菲風格。

材料

（直徑約6×高12cm的玻璃杯，2杯份）

蛋白餅

- 蛋白　1顆份
- 細砂糖　50g
- 鹽　1小撮

鮮奶油霜

- 鮮奶油　100ml
- 細砂糖　10g
- 原味優格　200g
- 藍莓醬汁（參照p.17）*1　20ml

穀麥（市售品）　適量
藍莓　50g
食用花　適量

*1 也可選用市售的藍莓醬汁。

事前準備

- 優格放入冰箱冰1晚，瀝乾。
- 烤盤上鋪好烘焙紙。
- 將圓口花嘴#12裝進擠花袋中。
- 烤箱預熱至100℃。

（蛋白餅烤好後）

- 製作鮮奶油霜。鋼盆中放入鮮奶油，再放入細砂糖，然後將鋼盆放在冰水盆中，用手持電動攪拌器打至7分發泡。再放入瀝乾的優格和藍莓，攪拌。

作法

1 同「草莓帕芙洛娃」（p.12）的作法**1**～**6**製作蛋白霜，然後裝入準備好的擠花袋中，在烘焙紙上擠出4個直徑4cm的蛋白霜*2。放入預熱好的烤箱中烘烤1小時，直接放在烤箱中散熱。

*2 多餘的蛋白霜可隨意擠出來一同烘烤，然後冷凍保存起來（參照P.92）。

2 將準備好的鮮奶油霜平分地裝入2個玻璃杯中，依序等量地放上穀麥、藍莓，再各放2個**1**，最後放上食用花當裝飾。

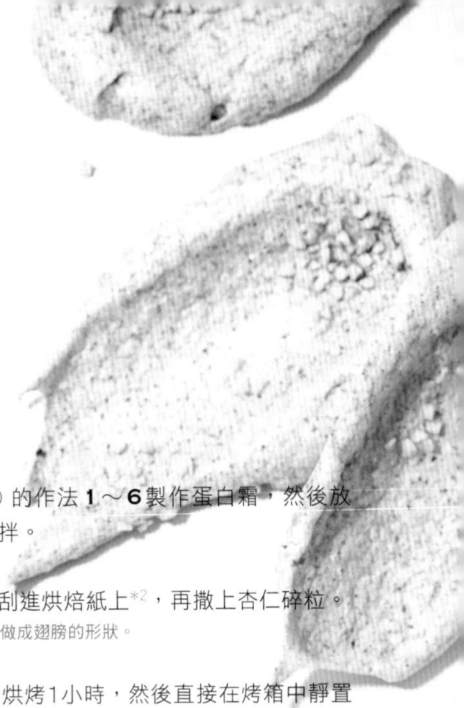

MERINGUE BOWL

蛋白霜早餐

將超級食物「巴西莓」放入蛋白霜中烘烤。
用這款蛋白霜當配料，做出活力十足的早餐。

材料 （直徑約12cm，1碗份）

蛋白餅

- 蛋白　1顆份
- 細砂糖　50g
- 鹽　1小撮
- 巴西莓粉　5g
- 杏仁碎粒　適量

巴西莓果醬（冷凍）　100g
香蕉　一根
豆漿　20ml
楓糖漿　5g
黑莓[*1]　適量

*1 也可選用藍莓等個人喜歡的水果。

事前準備

- 烤盤上鋪好烘焙紙。
- 將香蕉的半量斜切成薄片。

作法

1 同「草莓帕芙洛娃」（p.12）的作法 **1**～**6**製作蛋白霜，然後放入巴西莓粉，用橡皮刮刀攪拌。

2 用橡皮刮刀將適量的 **1** 分別刮進烘焙紙上[*2]，再撒上杏仁碎粒。
*2 將橡皮刮刀快速抹在烘焙紙上，做成翅膀的形狀。

3 放入預熱至100℃的烤箱中烘烤1小時，然後直接在烤箱中靜置30分鐘，使之冷卻。

4 將巴西莓果醬和剩餘的香蕉、豆漿、楓糖漿放入果汁機中攪拌。

5 將**4**放入碗中，再放上切成薄片的香蕉和黑莓，最後用手掰開**3**撒上去。

COFFEE MERINGUE

咖啡蛋白霜

可以單手拿著吃，也是蛋白霜甜點受歡迎的原因之一。
這款咖啡蛋白霜的要訣是，放一點微苦的咖啡粉和可可碎粒在蛋白霜裡。

材料 （直徑約6cm，6個份）

蛋白餅

- 蛋白　2顆份
- 細砂糖　100g
- 鹽　1小撮

咖啡粉　20g
可可碎粒*　20g
＊ 可可碎粒。

據說有抗老功效的超級食物。
※店家資訊請參照P.96

事前準備

- 準備2個平底方盤，分別鋪好咖啡粉和可可碎粒。
- 烤盤上鋪好烘焙紙。
- 烤箱預熱至100℃。

作法

1 同「草莓帕芙洛娃」（p.12）的作法**1**～**6**製作蛋白霜，然後分成6等分。

2 利用2根湯匙，將**1**依序裹上平底方盤中的咖啡粉ⓐ和可可碎粒ⓑ。

3 將**2**排在烘焙紙上，放入預熱好的烤箱烘烤1小時30分鐘，然後直接放在烤箱中30分鐘，使之冷卻。

a

b

MERINGUE POPS

2種蛋白霜棒棒糖

螺旋狀的雙色蛋白霜和玫瑰狀的粉紅色蛋白霜棒棒糖，很適合送禮。
雖然都是用同一種星口花嘴，但擠法不同，造型就千變萬化！

白色和咖啡色的雙色蛋白霜棒棒糖

材料 （10根份）

蛋白餅

- 蛋白 1顆份
- 細砂糖 50g
- 鹽 1小撮

可可粉 2g

事前準備

- 將7齒星口花嘴#12C裝入擠花袋中*1。

*1 另外準備2個不裝花嘴的擠花袋。

- 烤盤上鋪好烘焙紙，排好竹籤*2。

*2 在竹籤的前端黏上蛋白霜，竹籤就不會亂動。

作法

1 同「草莓帕芙洛娃」（p.12）的作法**1**～**6**製作蛋白霜，然後分成2等分。將半量放入另一個鋼盆中，放入可可粉，用橡皮刮刀攪拌。

2 將**1**的原味蛋白霜和可可粉蛋白霜分別放入沒有裝上花嘴的擠花袋中，前端剪開**a**，然後將這2個擠花袋一起裝入已經裝上星口花嘴的擠花袋中**b**。

3 將**2**擠在準備好的竹籤上，擠成螺旋狀，必須保留一段手持部分不擠**c**。放入預熱至100℃的烤箱中烘烤1小時30分鐘，然後直接放在烤箱中30分鐘，使之冷卻。

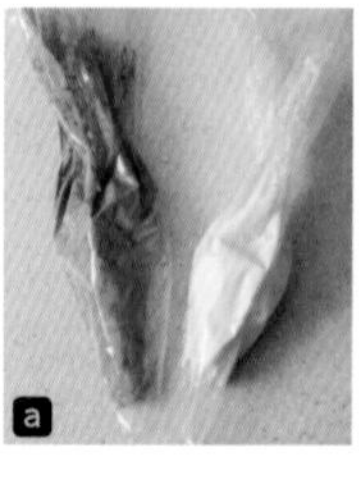
a

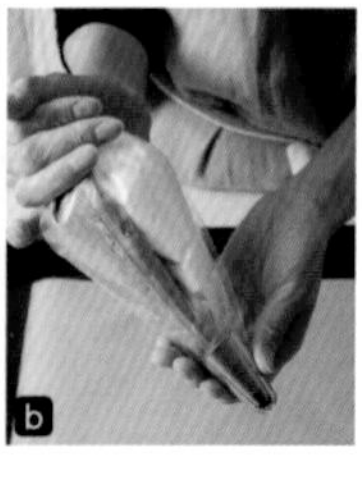
b

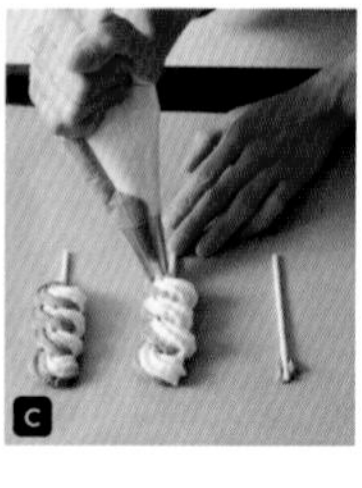
c

玫瑰蛋白霜棒棒糖

材料 （10根份）

蛋白餅

- 蛋白 1顆份
- 細砂糖 50g
- 鹽 1小撮

玫瑰油 2～3滴
草莓粉 10g
巧克力米（裝飾用） 適量

事前準備

- 將7齒星口花嘴#12C裝入擠花袋中。
- 烤盤上鋪好烘焙紙，排好竹籤*3。

*3 在竹籤的前端黏上蛋白霜，竹籤就不會亂動。

作法

1 同「草莓帕芙洛娃」（p.12）的作法**1**～**6**製作蛋白霜，然後放入玫瑰油和草莓粉，用橡皮刮刀攪拌。

2 將**1**放入已經裝上花嘴的擠花袋中，然後由內往外畫圓圈般地擠在竹籤頂端，必須保留一段手持部分不擠（如圖），撒上巧克力米。

3 放入預熱至100℃的烤箱中烘烤1小時30分鐘，然後直接放在烤箱中30分鐘，使之冷卻。

née au lieu de
et aux environs
COMP

COLUMN 4

蛋白霜的各種擠花方式

只是花嘴或擠法不同，造型就能千變萬化。本書多使用基本的圓口花嘴。
而6～10齒的星口花嘴能創造出華麗感，十分好用。

本頁所使用的
4種花嘴

A…7齒星口花嘴#12C	B…8齒星口花嘴#30
C…玫瑰口花嘴#104	D…樹葉口花嘴#69

利用A花嘴擠出

3的粉紅蛋白霜的玫瑰部分、4的心形與5的貝殼形、7的花樣心形。同一個花嘴，只要改變擠法，造型便隨之改變。

利用B花嘴擠出

1的字母、3的粉紅玫瑰上的白色小花、8的細長波浪狀。

利用C花嘴擠出

2的聖誕樹、6的緞帶。

利用D花嘴擠出

3的粉紅玫瑰下的綠葉。3的蛋白霜棒棒糖其實是利用3種花嘴擠出來的。

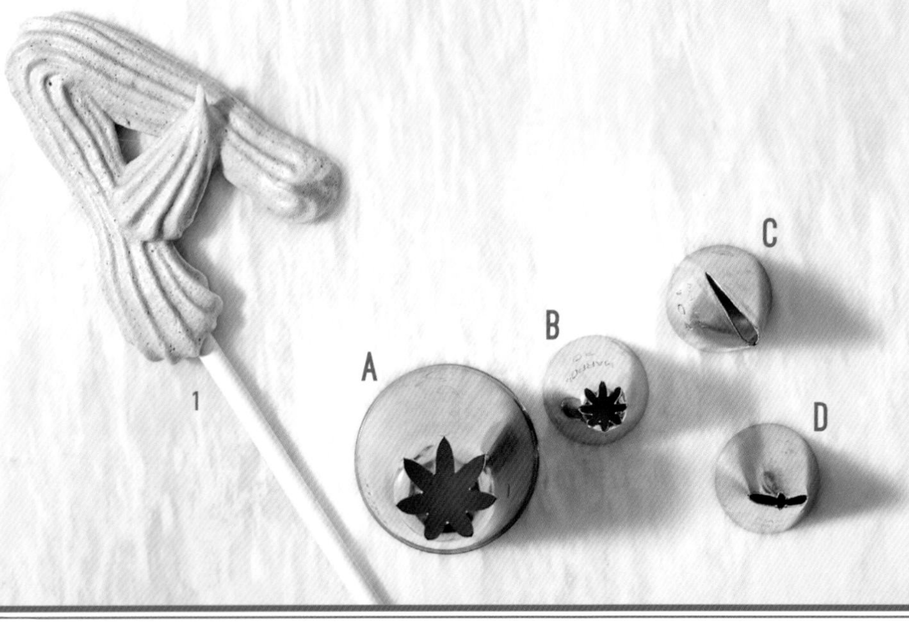

3
4
2
5
6
1
8
7

COLUMN 5

保存方式與運送方式的訣竅

烘烤並放涼後的蛋白餅，可室溫及冷凍保存。
只要將蛋白餅與材料分開放置，就能拿到外面參加派對，也像剛做好一樣好吃。

室溫保存

蛋白餅的大敵是濕氣。完全冷卻後，將蛋白餅連同食品用乾燥劑一起放入乾淨的容器中，確實蓋上蓋子，約可保存2週。

冷凍保存

一個一個分別包上保鮮膜，放入夾鏈袋中，再放進冷凍庫保存。吃的時候再以室溫解凍即可。約可保存3週。

運送時，將材料分開放置

運送時，將蛋白餅、鮮奶油霜、水果、醬汁、果醬等分別放入保存容器中，再連同保冷劑一起運送。如果是生日等紀念日，就再準備好蛋糕插牌、巧克力米等裝飾品。到了現場再組裝帕芙洛娃，一定能將氣氛嗨到最高點！

「好吃，好吃，好好吃！」兒子邊說邊把我的帕芙洛娃和奶茶都掃光了。
這幅在倫敦咖啡館時的情景，相信仍鮮明地烙印在他的記憶中。

像這樣，看別人吃得開心，真是最幸福的事。
與甜點相關的故事、歷史、人、食材，都是一幅幅美景。

我的甜點製作是帶著幾分夢幻想像的。
正因為味覺是我們最切身的一種感覺，我會融入大自然之美與當時的心情，
相信直覺與入口瞬間的感覺，邊做邊享受。

例如，讓純白的蛋白霜烤出來依然保持純白，就是一大重點。
為此我反覆試作，調整出容易理解的配方、溫度、烘烤時間等。
為了讓醬料、水果的顏色，能與純白的蛋白餅相得益彰，
我畫了許多張草稿。
又例如檸檬片和柳橙片的切面很漂亮，於是我設法將它們表現出來。
除此之外，我也考量到會和什麼人在什麼場合享用，
設計出可用叉子吃、可單手拿著吃，乃至棒棒糖式的帕芙洛娃。

材料隨手可得，不用模型也可以的帕芙洛娃。
只要掌握製作重點，即便手腳笨拙、小朋友， 都能發揮創意，變化出各種造型與味道。

咖啡、紅茶、葡萄酒、香檳相伴時的聊天時光，就配上令人印象深刻的帕芙洛娃。
將各種蛋白霜脆糖嘩啦嘩啦地裝入玻璃罐中，小朋友隨時可吃。
大人的電影時光，則準備可單手拿著吃的蛋白霜甜點……

就讓外表酥脆、裡面如棉花糖般的帕芙洛娃，
帶給我們洋溢笑容與幸福的甜點時光吧。
本書介紹的帕芙洛娃及各種蛋白霜甜點，
若能成為你家中的點心，甚至在特別的時刻隆重登場，
讓更多人喜愛，將是我無上的榮幸。

最後，謹向協助我製作這本甜點新書的撰述北館、編輯若名、造型中里、攝影福尾、
設計赤松等人士，致上由衷的謝意。

請慢用！

Bon appétit

PROFILE

太田佐知香

在法國巴黎的聖日耳曼德佩區旅居過一段時間，並於巴黎麗茲埃科菲廚藝學校（Ecole Ritz Escoffier）學習甜點製作，而後在日本京都造型藝術大學研究所攻讀藝術。目前為一名專業的甜點設計師，除了為企業、婚禮等製作派對用的客製化蛋糕及甜點外，也在雜誌及網路媒體上發表充滿個人獨特世界觀的食譜。此外，她同時是一名藝術教育師，主持「My little days」，開辦專為小朋友及媽媽設計的甜點製作課程。

TITLE

帕芙洛娃 讓人著迷的蛋白霜甜點

STAFF

出版	瑞昇文化事業股份有限公司
作者	太田佐知香
譯者	林美琪
總編輯	郭湘齡
文字編輯	徐承義　蔣詩綺　李冠緯
美術編輯	孫慧琪
排版	二次方數位設計　翁慧玲
製版	印研科技有限公司
印刷	龍岡數位文化股份有限公司
法律顧問	經兆國際法律事務所　黃沛聲律師
戶名	瑞昇文化事業股份有限公司
劃撥帳號	19598343
地址	新北市中和區景平路464巷2弄1-4號
電話	(02)2945-3191
傳真	(02)2945-3190
網址	www.rising-books.com.tw
Mail	deepblue@rising-books.com.tw
初版日期	2019年8月
定價	350元

ORIGINAL JAPANESE EDITION STAFF

撮影	福尾美雪
デザイン	赤松由香里（MdN Design） 三鴨奈苗（MdN Design）
スタイリング	中里真理子
取材・文	北舘和子
イラスト	太田佐知香
校正・DTP	かんがり舎
PD	栗原哲朗（図書印刷）
協力店	TOMIZ（富澤商店）http://tomiz.com 株式会社明治　https://www.meiji.co.jp/

國家圖書館出版品預行編目資料

帕芙洛娃：讓人著迷的蛋白霜甜點 / 太田さちか作；林美琪譯. -- 初版. -- 新北市：瑞昇文化, 2019.04
面；　公分
譯自：メレンゲのお菓子パブロバ
ISBN 978-986-401-325-8(平裝)
1.點心食譜

427.16　　108004310